定態安定度の計算

新田目 倖造 著

「d-book」シリーズ

http://euclid.d-book.co.jp/

電気書院

凡　例

本書の記号は，原則として次の例によった．
(a) 単位は，[m]，[kg]，[s] などのMKS有理系を用いる
(b) 瞬時値を表わすには，v, i などの小文字を用いる．
(c) 実効値を表わすには，V, I などの大文字を用いる．
(d) ベクトル量を表わすには，$\dot{V}, \dot{I}$ などを用いる．
(e) 角を表わすには，α, θ, δ などのギリシャ文字を用いる．（別表）
(f) 単位を表わす略字を記号文字の後に使用するときは，V [kV]，I [A] などとかっこを付する．
(g) 実用上重要と思われる数式，図面には＊印を付する．

別表　ギリシャ文字の読み方

大文字	小文字	読 み 方	大文字	小文字	読 み 方
A	α	アルファ	N	ν	ニュー ・ヌー
B	β	ベータ ・ビータ	Ξ	ξ	・クサイ ・グザイ
Γ	γ	ガンマ	O	o	オミクロン
Δ	δ	デルタ	Π	π	・パイ
E	ε	・イプシロン	P	ρ	ロー
Z	ζ	・ジータ	Σ	σ	シグマ
H	η	・イータ	T	τ	タウ ・トー
Θ	θ	・シータ	Υ	υ	・ウプシロン
I	ι	・イオタ	Φ	ϕ, φ	・ファイ
K	κ	カッパ	X	χ	・カイ
Λ	λ	・ラムダ	Ψ	ψ	・プサイ
M	μ	ミュー ・ムー	Ω	ω	・オメガ

（注）通信工学ハンドブック（電気通信学会，丸善，昭32.7）による．
　　・印は，おもに英語風な読み方のなまった通称．

目　次

1　安定度の分類
- 1・1　擾乱の大きさによる分類 …………………………………………… 1
- 1・2　制御系の扱い方による分類 ………………………………………… 1

2　1機無限大母線系統の定態安定度
- 2・1　同期化力と安定条件 ………………………………………………… 3
- 2・2　運転方式と安定度 …………………………………………………… 5
- 2・3　円筒機の安定限界（端子電圧一定）………………………………… 9
- 2・4　安定限界の簡易判別法 ……………………………………………… 13
- 2・5　円筒機の安定限界（無限大母線電圧一定）………………………… 15
- 2・6　突極機の安定限界 …………………………………………………… 19

3　2機系統の定態安定度
- 3・1　2機系統の運動方程式 ……………………………………………… 22
- 3・2　2機系統の安定条件 ………………………………………………… 25
- 3・3　安定限界相差角 ……………………………………………………… 26

4　多機系統の定態安定度
- 4・1　多機系統の運動方程式 ……………………………………………… 30
- 4・2　多機系統の安定条件 ………………………………………………… 34
- 4・3　多機系統の安定判別法 ……………………………………………… 36

5　系統の等価縮約
- 5・1　系統縮約の考え方 …………………………………………………… 40
- 5・2　1点からみた系統縮約法 …………………………………………… 43
- 5・3　2点からみた系統縮約法 …………………………………………… 47

付録・1　突極機の安定限界式　　50

付録・2　発電機の慣性定数と運動方程式　　54

1 安定度の分類

電力系統の負荷変化や故障などの擾乱に対して，各発電機電圧が一定の相差角を保ち，同期運転を維持できる度合は安定度（stability）と呼ばれる．

安定度は，擾乱の大きさ，発電機・送電線・負荷の接続方法，すなわち系統構成，発電機のインピーダンスや慣性などの機器定数，発電機と負荷の電力・無効電力，発電機電圧調整器（AVR），調速機（Governor）などの自動制御系，その他多くの要因によって左右される．そこで，ここでは簡単のために安定度を次のように分類する*．

1・1 擾乱の大きさによる分類

定態安定度

(1) 定態安定度

電力系統において，きわめてゆるやかな負荷変化が生じても安定に送電できる度合をいう．これは小擾乱に対する安定度で，擾乱の変化は発電機の固有振動周期や，AVR，ガバナなどの応答時間に比べて充分ゆるやかな場合である．

過渡安定度

(2) 過渡安定度

電力系統がある条件下において安定に送電しているときに，地絡，短絡，断線，回路遮断，再閉路，系統分離などの擾乱があっても再び安定状態を回復して送電できる度合をいう．これは大擾乱に対する安定度で，擾乱の変化は急激な場合である．

1・2 制御系の扱い方による分類

固有安定度

(1) 固有安定度

AVR，ガバナなどの制御系の効果を無視し，発電機内部電圧一定のもとで考える安定度である．

動的安定度

(2) 動的安定度

上記制御系の効果を考慮した場合の安定度である．1・1と1・2の組合せは**表1・1**のとおりとなる．

---

* 電気学会：電気工学ハンドブック，20編3章，p.1640（昭53－4）

1 安定度の分類

表1・1 安定度の分類

制御系＼擾乱の大きさ	小	大
制御系無視	固有定態安定度	固有過渡安定度
制御系考慮	動的定態安定度 （または動態安定度）	動的過渡安定度

　実系統現象はすべて制御系の効果が含まれた動的安定度であるが，この効果を無視した固有安定度は，解析が簡単なので，安定度の基本的な特性を理解し，およその目安を得るために用いられる．

　このテキストでは固有定態安定度について述べる．

2　1機無限大母線系統の定態安定度

2・1　同期化力と安定条件

図2・1のように同期リアクタンスX_dの円筒形発電機が無限大母線（電圧の大きさおよび位相角一定の母線）に直接接続されている場合の安定条件を考える．

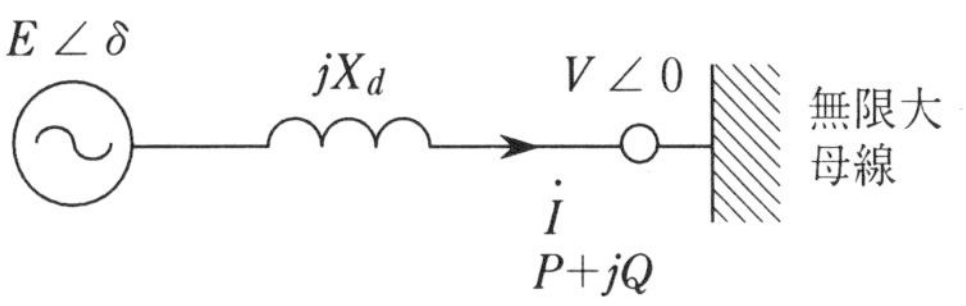

図2・1　1機無限大母線系統（円筒機，外部リアクタンスなし）

無限大母線電圧（位相基準）を$\dot{V}=V\angle 0$，X_d背後電圧すなわち発電機内部電圧を$\dot{E}=E\angle\delta$（δ：発電機内部相差角），発電機電流を$\dot{I}$，電力・無効電力をP,Qとすれば，

$$\dot{E} = E(\cos\delta + j\sin\delta) = V + jX_d\dot{I} \tag{2・1}$$

$$\bar{\dot{I}} = \overline{\frac{\dot{E}-V}{jX_d}} = \frac{E(\cos\delta - j\sin\delta)-V}{(-jX_d)}$$

$$= \frac{E\sin\delta + j(E\cos\delta - V)}{X_d} \tag{2・2}$$

$$P+jQ = V\bar{\dot{I}} = \frac{EV\sin\delta + j(EV\cos\delta - V^2)}{X_d} \tag{2・3}$$

$$\therefore \left.\begin{array}{l} P = \dfrac{EV}{X_d}\sin\delta \\[2mm] Q = \dfrac{EV\cos\delta - V^2}{X_d} \end{array}\right\} \tag{2・4}*$$

発電機内部電圧　発電機内部電圧は，磁気飽和を無視すれば界磁電流に比例する．内部電圧を一定，すなわち界磁電流I_fを一定とし，原動機の機械的入力P_Mを増加して発電機の電気的**電力相差角曲線**　出力Pを増やしたとき，(2・4)の第1式で表わされるPとδの関係すなわち電力-相差角曲線は，図2・2のような正弦曲線となる．同図において，原動機の機械的入力がP_Mのとき，電気的出力PがP_Mと等しくなる点はA，B 2点存在するが，A点は安定，B点は不安定である．なぜなら，A点では内部相差角δ_Aで運転中，微小な擾乱によって回転子が加速し，内部相差角が$\Delta\delta$増加してA'点に移ったとすれば，電気的出力は

−3−

ΔP だけ増加するが，機械的入力は一定だから回転子には次のような減速力が働き，A′→A へ戻そうとする．

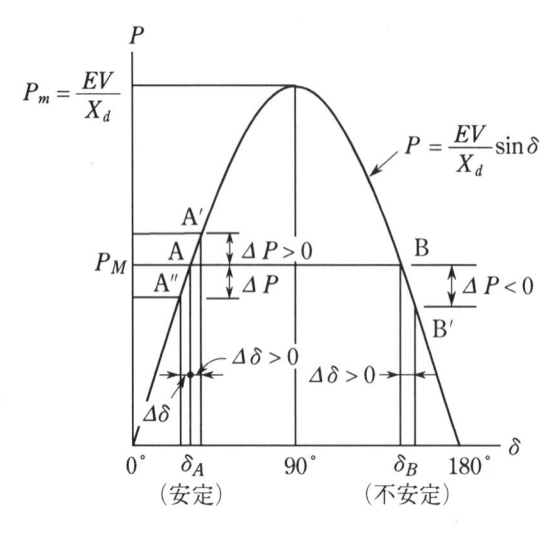

図2・2　電力-相差角曲線

減速力＝電気的出力－機械的入力

$$= (P + \Delta P) - P_M = \Delta P > 0 \quad (2\cdot 5)$$

逆に微小擾乱によってA→A″に減速すれば，電気的出力が ΔP だけ減少して加速力が働き，A″→A に戻そうとする．したがって発電機はA点で安定に運転できる．

次にB点では，回転子が加速し，相差角が $\Delta\delta$ 増加してB′点に移れば，電気的出力は減少し，$\Delta P < 0$ となるために，(2・5)式より回転子には負の減速力すなわち加速力が働き，回転子はますます加速されることになり，安定に運転できない．

以上をまとめると，

(1) A点では $\Delta\delta > 0$ のとき $\Delta P > 0$, すなわち $\dfrac{\Delta P}{\Delta\delta} > 0$ で安定

(2) B点では $\Delta\delta > 0$ のとき $\Delta P < 0$, すなわち $\dfrac{\Delta P}{\Delta\delta} < 0$ で不安定

$\Delta\delta$ を無限少としたとき $d\delta$ に対する dP の比率 $\dfrac{dP}{d\delta}$ は，P-δ 曲線の接線の傾斜に等しい．$\dfrac{dP}{d\delta}$ は，回転子の位相角が $d\delta$ 増加したときに，これを元へ戻そうとする復元力の強さを表わすので，発電機間の同期を保つ力という意味で **同期化力**（synchronizing power）と呼ばれる．

1機無限大系統の安定条件　　したがって1機無限大系統の安定条件は，

$$\text{同期化力} = \frac{dP}{d\delta} > 0 \quad (2\cdot 6)^*$$

となる．(2・4)式より，

$$\frac{dP}{d\delta} = \frac{EV}{X_d}\cos\delta \quad (2\cdot 7)$$

これは図2・3のようになり，$P > 0$ の発電機領域において，

$$\left.\begin{array}{l} 0 < \delta < 90° \text{ では } \dfrac{dP}{d\delta} > 0 \text{ で安定} \\ 90° < \delta < 180° \text{ では } \dfrac{dP}{d\delta} < 0 \text{ で不安定} \end{array}\right\}$$

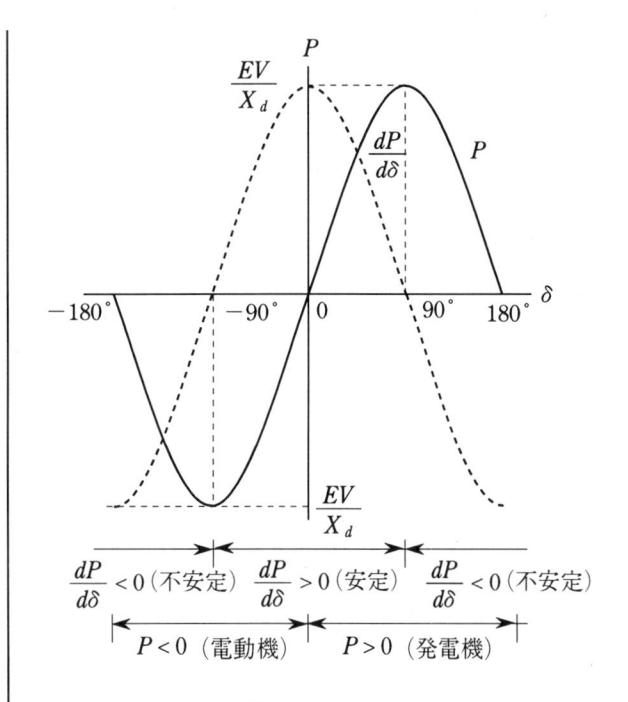

図2·3 1機無限大母線系統の安定範囲

$\delta = 90°$ のとき $\frac{dP}{d\delta}=0$ で安定限界となる.

（注）(2·7)式の微分演算で，δ は弧度法で表わされるので，安定限界は $\delta=\frac{\pi}{2}$ [rad]と弧度法で表示すべきだが，簡単のために位相角のみを表わすときは[度]単位で表わすこととする.

2·2 運転方式と安定度

発電機ベクトル図

(1) 発電機ベクトル図と出力

図2·1の1機無限大母線系統について(2·1)式の発電機電圧・電流ベクトル図を図2·4に示す．$\dot{V}$ と $\dot{E}$ で作られる三角形Oacの面積は，

$$\Delta \text{Oac} = \frac{EV\sin\delta}{2} \tag{2·8}$$

であるから，(2·4)式より，

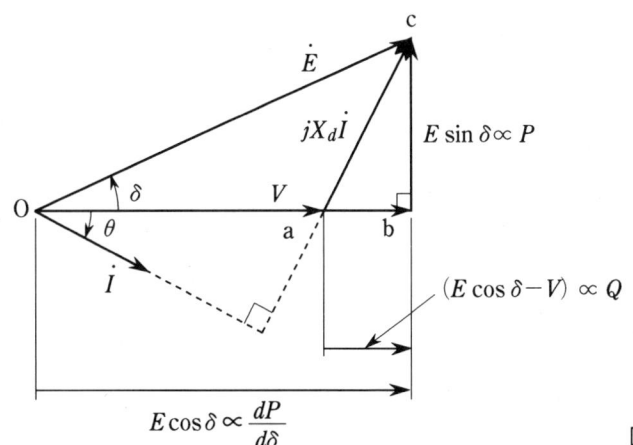

図2·4* 発電機電圧ベクトル図

$$P = \frac{2\triangle \text{Oac}}{X_d} \qquad (2\cdot 9)$$

となり，Pは$\triangle$Oacの面積に比例する．特に端子電圧$V=$一定の場合は$P \propto \overrightarrow{\text{bc}}$となる．

$\overrightarrow{\text{bc}}$はbからc向きにとった符号付きの長さを表わし，bから上向きを正，下向きを負とする．

無効電力Qは，(2·4)式と図2·4より，

$$Q = \frac{V(E\cos\delta - V)}{X_d} = \frac{V\overrightarrow{\text{ab}}}{X_d} \qquad (2\cdot 10)$$

となり，$V=$一定とすれば，Qは$\overrightarrow{\text{ab}}$に比例することになる．b点がa点より右側のとき，$\overrightarrow{\text{ac}} \propto Q > 0$で，無効電力は発電機から母線向きに流れており，左側にあるときは$\overrightarrow{\text{ab}} < 0$で，母線から発電機向きに流れている．前者は| 遅相運転 |，後者は| 進相運転 |と呼ばれる．

| 同期化力 |は，

$$\frac{dP}{d\delta} = \frac{VE\cos\delta}{X_d} \propto \frac{V\overrightarrow{\text{Ob}}}{X_d} \qquad (2\cdot 11)$$

となり，$V=$一定とすれば，同期化力は$\overrightarrow{\text{Ob}}$に比例する．

(2) 電力一定運転

図2·5は，電力Pおよび端子電圧Vを一定とし，界磁電流を変えたときの| 内部電圧ベクトル軌跡 |である．

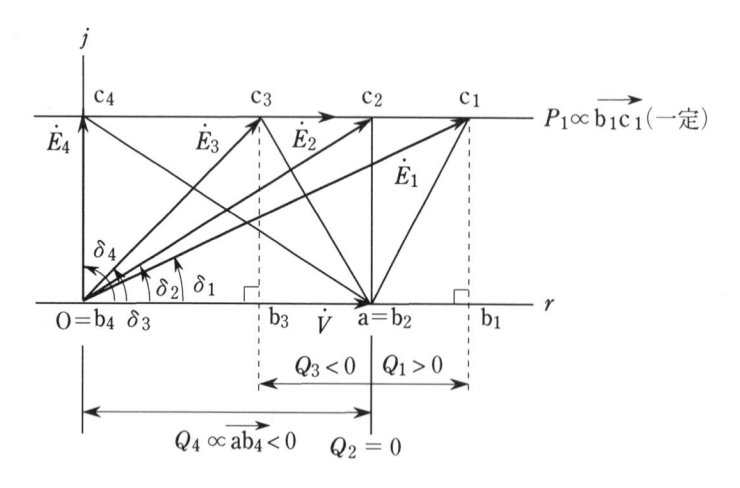

図2·5 電力一定運転時の電圧ベクトル軌跡

界磁電流を減らして，内部電圧を$\dot{E}_1 \to \dot{E}_2 \to \dot{E}_3 \to \dot{E}_4$と減少すると，無効電力は$Q_1(>0, 遅相運転) \to Q_2(=0) \to Q_3(<0, 進相運転) \to Q_4$（同）と減少し，内部相差角は$\delta_1 \to \delta_2 \to \delta_3 \to \delta_4$と増加する．同期化力は，$\overrightarrow{\text{Ob}}_1 \to \overrightarrow{\text{Ob}}_2 \to \overrightarrow{\text{Ob}}_3$と減少し，$\delta_4 = 90°$のとき同期化力は$\overrightarrow{\text{Ob}}_4 = 0$で安定限界となる．さらに内部電圧を減らすと，原動機入力P_{1M}一定に対して，電気出力はP_{1M}以下となり発電機は脱調する．

2·2 運転方式と安定度

(3) 無効電力一定運転

図2·6は，無効電力Qと端子電圧Vを一定とし，電力Pを変えたときの内部電圧ベクトル軌跡である．$Q_1 (>0)$一定として，$P_1 \rightarrow P_2$に増やすと内部位相角は$\delta_1 \rightarrow \delta_2$に増加するが，同期化力$\propto \overrightarrow{Ob}$は変わらない．すなわち無効電力一定運転は，同期化力一定運転ともいえる．電動機運転で，電気的入力$P_1' < 0$のときは，$\delta_1' < 0$となる．

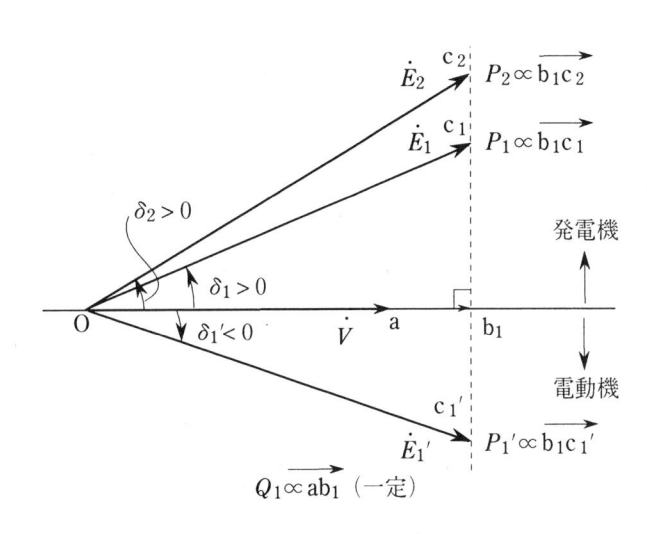

図2·6* 無効電力一定運転時の電圧ベクトル軌跡

(4) 界磁電流一定運転

図2·7は，界磁電流すなわち内部電圧の大きさEおよび端子電圧Vを一定として，電力Pおよび無効電力Qを変えたときの内部電圧ベクトル軌跡である．電力を$P_1 \rightarrow P_2$に増加すると，$\delta_1 \rightarrow \delta_2$に増加，無効電力は$Q_1 \rightarrow Q_2$に減少し，同期化力は$\overrightarrow{Ob_1} \rightarrow \overrightarrow{Ob_2}$に減少する．$\delta = 90°$のとき電力は最大値，

$$P_m = \frac{EV}{X_d} \tag{2·12}$$

をとり，同期化力は0で安定限界となる．

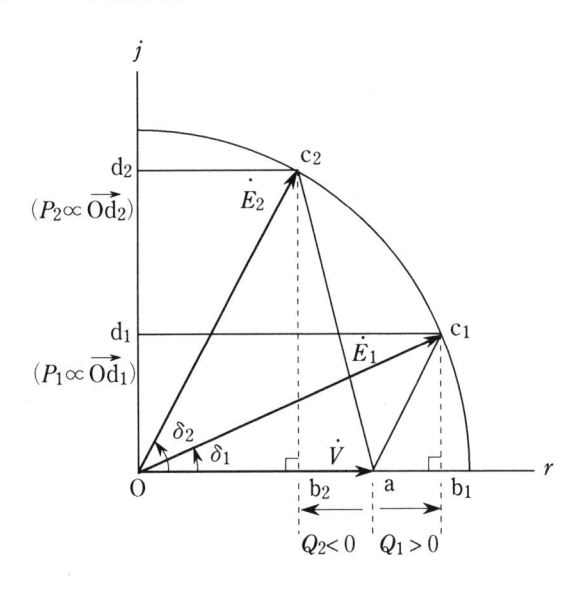

図2·7 界磁電流一定運転時の電圧ベクトルの軌跡

初期出力を $\dot{W}_0 = P_0 + jQ_0$ とすれば, 初期電流 $\dot{I}_0$ は,

$$\dot{I}_0 = \frac{P_0 - jQ_0}{V} \tag{2・13}$$

初期内部電圧　これを $(2・1)$ 式に代入して, 初期内部電圧は,

$$\dot{E}_0 = V + jX_d\left(\frac{P_0 - jQ_0}{V}\right) = V + \frac{X_d Q_0}{V} + \frac{jX_d P_0}{V} \tag{2・14}$$

$$\dot{E}_0 = \sqrt{\left(V + \frac{X_d Q_0}{V}\right)^2 + \left(\frac{X_d P_0}{V}\right)^2}$$

$$= \sqrt{V^2 + 2X_d Q_0 + \frac{X_d^2(P_0^2 + Q_0^2)}{V^2}} \tag{2・15}$$

安定限界電力　したがって内部電圧をこの値のまま一定としたときの安定限界電力 P_m は, $(2・15)$ 式を $(2・12)$ 式の E に代入して,

$$P_m = \sqrt{\frac{V^4}{X_d^2} + \frac{2Q_0 V^2}{X_d} + (P_0^2 + Q_0^2)}$$

$$= \sqrt{\frac{V^4}{X_d^2} + \frac{2V^2 W_0 \sin\theta_0}{X_d} + W_0^2} \tag{2・16}$$

ここに,

θ_0：初期運転力率角 $= \tan^{-1}\dfrac{Q_0}{P_0}$, $W_0^2 = P_0^2 + Q_0^2$

図 2・8 は, 発電機定格容量, 定格電圧基準の単位法表示で, $\dfrac{1}{X_d} = 0.6$, $V = 1.0$ とし, 初期出力 W_0 と安定限界電力 P_m の関係を示したもので, W_0 が大きいほど, また, W_0 が等しい場合は初期運転力率 $\cos\theta_0$ が遅相で低いほど, 内部電圧 E_0 が大きいため, P_m は増加することがわかる.

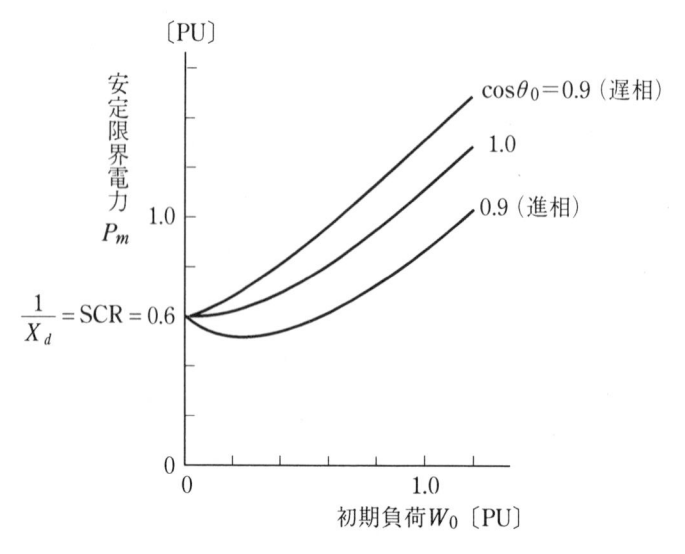

図 2・8　初期負荷と安定限界電力
（界磁電流一定運転, SCR＝0.6 の場合）

特に，初期負荷 $W_0 = 0$ の場合は，(2·16) 式で $W_0 = 0$ として，

$$P_m = \frac{V^2}{X_d} \tag{2·17}$$

発電機の定格容量，定格電圧基準の単位法表示では，初期条件が無負荷定格電圧運転の場合は，$V = 1$，また $\frac{1}{X_d} = \mathrm{SCR}$（短絡比）であるから，

$$P_m = \mathrm{SCR} \,[\mathrm{PU}] \tag{2·18}*$$

すなわち，発電機が無負荷定格電圧運転状態から，界磁電流をそのままの値に保ち，発電機出力を徐々に増加した場合，安定限界出力は，単位法では短絡比に等しく，短絡比が大きいほど安定限界が大きいことになる．たとえば，定格容量 400 MVA，短絡比 0.9 の発電機の界磁電流を無負荷定格電圧時の値に保ったときの安定限界は $400 \times 0.9 = 360$ MW となる．

発電機励磁が手動調整の場合には，無負荷運転中の発電機が系統事故の後などに，界磁電流を変えずに定格出力まで急速に増加しようとする時，短絡比が小さいと，定格出力にいたる前に不安定となってしまう．したがって，以前の手動励磁調整の発電機には，短絡比は 1 以上の値が採用されていた．

しかし出力増加に伴って界磁電流を自動的に増加する速応励磁方式を採用すれば，上記のような場合にも，短絡比を 1 以上とする必要はない．最大の大容量タービン発電機では，速応励磁方式を採用し，短絡比は，0.5〜0.6 程度の値として発電機の小形軽量化をはかっているものが多い．発電機の大容量化と励磁方式の速応化に伴って短絡比は減少の傾向にある．

2·3　円筒機の安定限界（端子電圧一定）

(1) 電圧ベクトル軌跡

図 2·9 のように，定態リアクタンス X_d の円筒形発電機が外部リアクタンス X_e を通して無限大母線につながる系統で，発電機端子電圧 $V\angle 0$ を一定としたとき，安定限界における発電機の電力 P，無効電力 Q の関係を求める．X_e は変圧器や送電線のリアクタンスに相当する．はじめに，安定限界における電圧ベクトル軌跡を求める．

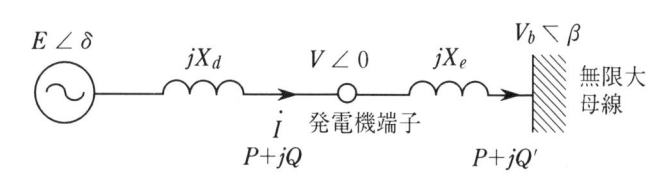

図 2·9　1 機無限大母線系統
（円筒機，外部リアクタンスあり）

この系統では，発電機内部電圧 $E\angle\delta$ と無限大母線電圧 $V_b\angle\beta$ の間の相差角 $\delta +$

$\beta = 90°$ のときに安定限界となり，E の大きさを与えると，δ, V_b, β が一義的に定まる．電圧ベクトル軌跡は図2・10のようになり，次の性質がある．

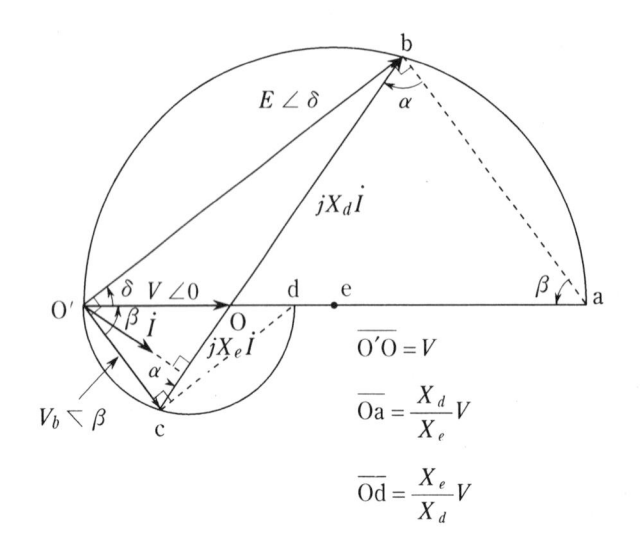

図2・10 安定限界における電圧ベクトル軌跡

$\overline{O'O} = V$

$\overline{Oa} = \dfrac{X_d}{X_e} V$

$\overline{Od} = \dfrac{X_e}{X_d} V$

(1) $E\angle\delta$ の軌跡は，$\overline{O'a} = \left(1 + \dfrac{X_d}{X_e}\right)V$ を直径とする半円 O'ba となる．

(2) これに伴って $V_b \angle \beta$ の軌跡は，$\overline{O'd} = \left(1 + \dfrac{X_e}{X_d}\right)V$ を直径とする半円 dcO' となる．

(1) は次のようにして証明される．

発電機電流を I とすると同図で，

$$\overline{Oc} = X_e I, \quad \overline{Ob} = X_d I \tag{2.19}$$

$$\dfrac{\overline{Ob}}{\overline{Oc}} = \dfrac{X_d}{X_e} = \dfrac{\dfrac{X_d}{X_e}V}{V} = \dfrac{\overline{Oa}}{\overline{OO'}} \tag{2.20}$$

したがって $\triangle OO'c$ と $\triangle Oab$ は相似となるから，

$$\beta = \angle OO'c = \angle Oab \tag{2.21}$$

$\overline{O'c}$ と $\overline{ab}$ は平行となる．$\angle bO'c = 90°$ だから，$\angle O'ba = 90°$ となり，$\angle O'ba$ を弦 $\overline{O'a}$ に対する円周角とみれば，b点の軌跡は，$\overline{O'a}$ を直径とする円周となる．

次に (2) についても同様に，

$$\dfrac{\overline{Ob}}{\overline{Oc}} = \dfrac{X_d}{X_e} = \dfrac{V}{\dfrac{X_e}{X_d}V} = \dfrac{\overline{OO'}}{\overline{Od}} \tag{2.22}$$

$$\therefore \triangle Ocd \propto \triangle ObO' \tag{2.23}$$

$$\overline{cd} \parallel \overline{bO'} \tag{2.24}$$

したがって $\angle O'cd = 90°$ となることから明らかである．

2·3 円筒機の安定限界（端子電圧一定）

*PQ*安定限界曲線

(2) *PQ*安定限界曲線

次に，図2·11のようにOを原点とする*PQ*座標において，図2·10のベクトル図を $\dfrac{V}{X_d}$ 倍して裏返したものを画き，(2·4)式と比較すると，

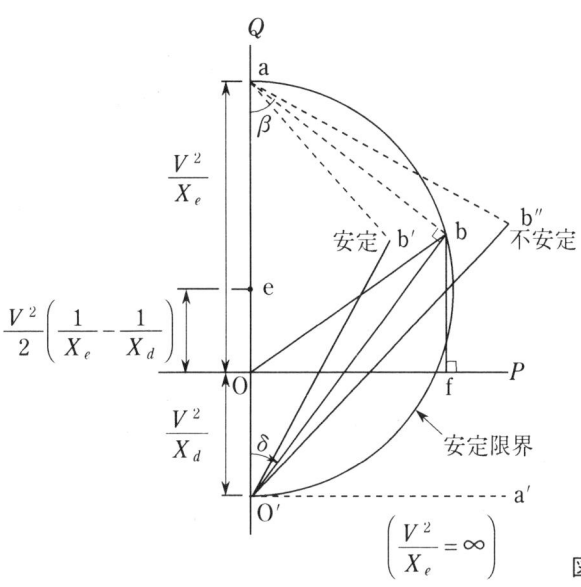

$$\left.\begin{array}{l}\overline{\mathrm{Of}} = \dfrac{EV}{X_d}\sin\delta = P \\ \overline{\mathrm{fb}} = \dfrac{EV}{X_d}\cos\delta - \dfrac{V^2}{X_d} = Q\end{array}\right\} \qquad (2\cdot 25)$$

図2·11 発電機端子電圧一定時の*PQ*安定限界曲線

したがってb点は安定限界における発電機電力*P*，無効電力*Q*を表わしており図2·10で，内部電圧 $E\angle\delta$ がO'baの半円上を移動するとき*P*，*Q*は図2·11でO'baの半円上を移動する．図2·11より*PQ*安定限界曲線は，

$$\text{中心}\quad e = \left(0,\ \dfrac{V^2}{2}\left(\dfrac{1}{X_e} - \dfrac{1}{X_d}\right)\right)$$

$$\text{半径}\quad \overline{\mathrm{eO'}} = \dfrac{V^2}{2}\left(\dfrac{1}{X_e} + \dfrac{1}{X_d}\right)$$

の円となり，次式で表わされる．

$$P^2 + \left\{Q - \dfrac{V^2}{2}\left(\dfrac{1}{X_e} - \dfrac{1}{X_d}\right)\right\}^2 = \left\{\dfrac{V^2}{2}\left(\dfrac{1}{X_e} + \dfrac{1}{X_d}\right)\right\}^2 \qquad (2\cdot 26)^*$$

図2·10で安定領域は，$0 < \delta + \beta < 90°$ である．

図2·11の円の内部では，$90° < \angle\mathrm{O'b'a} < 180°$ であるから，

$$\delta + \beta = 180° - \angle\mathrm{O'b'a}$$
$$\therefore\ 0 < \delta + \beta < 90°$$

円の外部では，$0° < \angle\mathrm{O'b''a} < 90°$ であるから，

2　1機無限大母線系統の定態安定度

$$90° < \delta + \beta < 180°$$

したがって円の内部が安定領域, 円の外部が不安定領域となる.

発電機定格容量 W_n [MVA], 定格電圧 V_n [kV] 基準の単位法表示で, 発電機端子からみた系統側短絡容量 S は,

$$S = \frac{V^2}{X_e} \tag{2·27}$$

定格電圧運転時は, $V = 1$ [PU] であるから,

$$\frac{V^2}{X_d} = \frac{1}{X_d} = \text{SCR}（短絡比） \tag{2·28}$$

したがって, 図2·11は, 図2·12(a)のようにも表わせる. すなわち, W_n [MVA]基準の単位法表示で, $V = V_n = 1$ [PU] のときの安定限界は, Q 軸負方向に $\overline{\text{OO}'} = \text{SCR}$ をとり, 同正方向に $\overline{\text{Oa}} = S$ [PU] をとれば, $\overline{\text{O}'\text{a}}$ を直径とする円となる. また, 同図(a)の目盛を W_n 倍すれば, 同図(b)のように, [MW], [MVar] 単位表示となる.

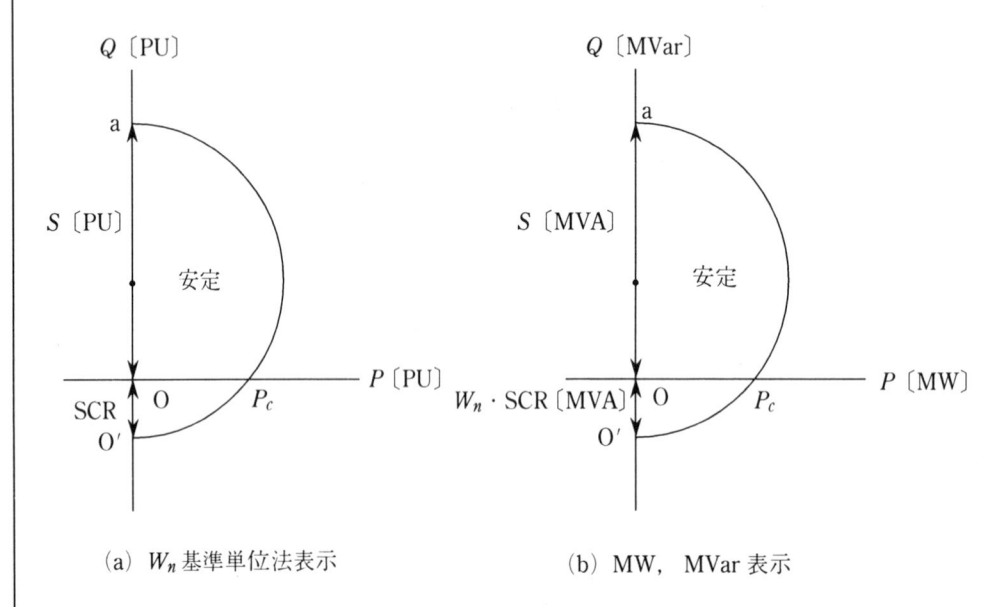

(a)　W_n 基準単位法表示　　　　　(b)　MW, MVar 表示

図2·12　定格電圧運転時の PQ 安定限界曲線

〔問題 1〕　定格容量 400 MVA, 短絡比 0.9 のタービン発電機が, 短絡容量 1 000 MVA の母線に接続されている. この発電機が定格電圧および定格電圧の 95 % で運転するときの電力, 無効電力安定限界曲線を画け.

〔解答〕　400 MVA 基準単位法で, 定格電圧運転時は,

$$\overline{\text{OO}'} = \text{SCR} = 0.9$$

$$\overline{\text{Oa}} = S = \frac{1\,000}{400} = 2.5 \text{ PU}$$

したがって, 図2·13の実線の円となる. 定格電圧の 95 % のときは,

$$\overline{\text{OO}'} = V^2 \cdot \text{SCR} = 0.95^2 \times 0.9 = 0.812$$

$$\overline{Oa} = \frac{V^2}{X_e} = 0.95^2 \times 2.5 = 2.256$$

同図の点線の円となる．

また，MW, MVar単位では上記の目盛を $W_n = 400$ MVA倍したものとなる．

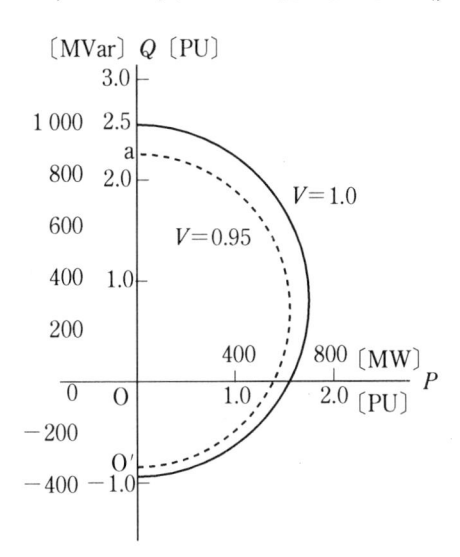

図2·13 PQ 安定限界例

2·4 安定限界の簡易判別法

(1) 安定限界短絡容量

系統側短絡容量

発電機容量と短絡比が一定でも，系統側短絡容量が小さくなれば安定領域も狭くなる．

図2·12で運転力率1における安定限界出力 P_c が定格出力 P_n 以上となる短絡容量は次のようにして求められる．$(2·26)$ 式より $Q=0$ のときの安定限界 P_c は，

$$P_c^2 = \left\{\frac{V^2}{2}\left(\frac{1}{X_e} + \frac{1}{X_d}\right)\right\}^2 - \left\{\frac{V^2}{2}\left(\frac{1}{X_e} - \frac{1}{X_d}\right)\right\}^2 = \frac{V^4}{X_d X_e} \quad (2·29)$$

発電機定格容量 W_n 〔MVA〕，定格力率 $\cos\theta_n = \dfrac{P_n}{W_n}$，定格電圧 V_n 〔kV〕とし，W_n，V_n 基準単位法表示では，発電機が定格電圧運転時は $V = 1$ 〔PU〕，発電機端子に系統側から流入する短絡容量は，

$$S\,[\text{PU}] = \frac{S\,[\text{MVA}]}{W_n\,[\text{MVA}]} = \frac{1}{X_e\,[\text{PU}]} \quad (2·30)$$

$$P_n\,[\text{PU}] = \frac{P_n\,[\text{MW}]}{W_n\,[\text{MVA}]} \quad (2·31)$$

であるから $P_n < P_c$ であるためには，

$$\left(\frac{P_n\,[\text{MW}]}{W_n\,[\text{MVA}]}\right)^2 < \frac{1}{X_d\,[\text{PU}] X_e\,[\text{PU}]}$$

2　1機無限大母線系統の定態安定度

$$= \frac{S(\text{PU})}{X_d(\text{PU})}$$

$$= \frac{S(\text{MVA})}{W_n(\text{MVA})X_d(\text{PU})} \tag{2·32}$$

$$\therefore \frac{S(\text{MVA})}{P_n(\text{MW})} > X_d(\text{PU})\cos\theta_n = \frac{\cos\theta_n}{\text{SCR}} \tag{2·33}$$

たとえば $\cos\theta_n = 0.9$，SCR $= 0.6$ の場合は $\frac{0.9}{0.6} = 1.5$，すなわち発電機端子で，発電機定格出力の1.5倍以上の短絡容量が必要となる．

図 2·14 のように送電端母線（発電機用変圧器の高圧側母線）から系統側をみたリアクタンスを X_e'，短絡容量を S'，発電機側をみたリアクタンスを $X_d + X_t$（X_t：変圧器リアクタンス）とすれば，送電端母線電圧が定格値のとき (2·33) 式は，

$$\frac{S'(\text{MVA})}{P_n(\text{MW})} > (X_d + X_t)(\text{PU})\cos\theta_n \tag{2·34}$$

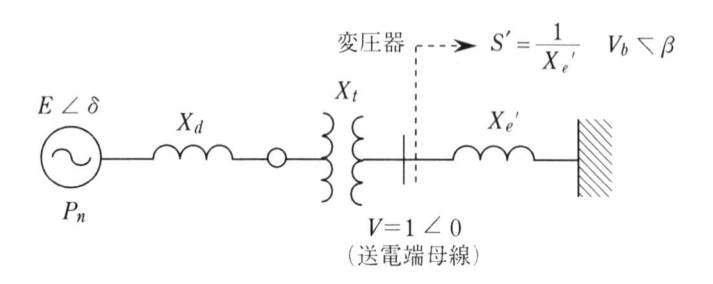

図 2·14　変圧器インピーダンスを考慮した1機無限大母線系統

X_t は X_d の1割程度，$\cos\theta_n$ は 0.85 〜 0.95 程度であるから，(2·34) 式の右辺はほぼ $X_d(\text{PU})$ に近く，およその目安としては，

$$\frac{S'(\text{MVA})}{P_n(\text{MW})} > X_d(\text{PU}) = \frac{1}{\text{SCR}} \tag{2·35}*$$

たとえば，短絡比 0.6，定格出力 600 MW の発電機が長距離送電線を通して，受電端の無限大母線系統に送電する場合，送電端定格電圧，運転力率 1.0 で定態安定限界が 600 MW 以上となるためには，送電端母線における系統側短絡容量は，およそ次の程度必要となる．

系統側短絡容量

$$S'(\text{MVA}) > \frac{P_n(\text{MW})}{\text{SCR}} = \frac{600}{0.6} = 1\,000\,(\text{MVA})$$

(2) 安定限界送電亘長

安定限界送電亘長

送電電圧（線間）$V(\text{kV})$，亘長 $L(\text{kV})$，1回線単位亘長あたりのリアクタンス x (Ω/km) の送電線の受電端が無限大母線のとき，送電端の短絡容量 S' は，

$$S' = \frac{(V(\text{kV}))^2}{x(\Omega/\text{km})L(\text{km})}(\text{MVA}) \tag{2·36}$$

安定限界送電容量

安定限界送電容量 P_m は，(2·35) 式よりおよそ次のように表わされ，送電電圧の2乗に比例し送電亘長に反比例することになる．

2·5 円筒機の安定限界（無限大母線電圧一定）

$$P_m = \frac{k(V[\text{kV}])^2}{L[\text{km}]} [\text{MW}] \tag{2·37}$$

ここに，

定態安定度送電容量係数

$$k : 定態安定度送電容量係数 = \frac{\text{SCR}}{x[\Omega/\text{km}]}$$

たとえば，SCR＝0.6，$x = 0.4$〔Ω/km/回線〕とすれば，$k = \frac{0.6}{0.4} = 1.5$ となり，275 kV，200 km の1回線送電線を通して無限大母線に送電するときの安定限界は，

$$P_m = 1.5 \times \frac{275^2}{200} = 560 \text{〔MW/回線〕}$$

となる．なお，定態安定限界の80 %程度を送電容量とみれば，この場合，$k = 1.5 \times 0.8 = 1.2$ となる＊．

安定限界相差角

(3) 安定限界相差角

図2·14の系統で，安定限界では，E と V_b 間の相差角は $\delta + \beta = 90°$ である．発電機側リアクタンス $X_d + X_t$ は発電機定格容量基準単位法では，発電機容量によって大きな差はないから，定格出力運転時の内部相差角は，発電機が極端な遅相または進相低力率で運転しない限り，ほぼ一定の範囲に入る．

表2·1 送電線の安定限界相差角の例（1機無限大母線系統）

発電機 \ 定数	X_d〔PU〕	X_t〔PU〕	定格力率 $\cos\theta_n$	運転力率 $\cos\theta$	内部相差角 δ	送電線相差角 β
火　力原子力	1.4～2.0	0.1～0.2	0.85～0.9	0.95～1.0	42～63°	48～27°
水　力	0.8～1.2	0.1～0.2	0.85～0.9	0.95～1.0	31～52°	59～38°

（注）X_t：変圧器リアクタンス（定格容量基準単位法）

内部相差角

発電機定数および運転条件を表2·1のようにとれば，内部相差角 δ（変圧器を含む）は，火力，原子力発電機では40～60°，水力発電機では30～50°となる．したがって定態安定限界電力が発電機定格出力と等しくなるような系統では，送電線の安定限界相差角 $\beta = 90° - \delta$ は，前者では50～30°，後者では60～40°となる．この値は送電電圧や発電機容量によらず発電機定数 (X_d) と，運転条件（力率，電圧）によって定まるほぼ一定の値となる．

2·5　円筒機の安定限界（無限大母線電圧一定）

2·3では図2·9で発電機端子電圧 V を一定とし，発電機出力変化に伴って無限大母

＊　電気学会：電気工学ハンドブック，24編，p.1296（昭53－4）

線電圧が変化する場合の安定限界を求めたが，実際には，無限大母線電圧 V_b が一定で，出力変化に伴って発電機端子電圧が変化することが多い．そこでこの項では，このような場合の安定限界を求める．

(1) 無限大母線電圧一定時の安定限界

図2・9の系統の安定範囲は，(2・26)式を変形して次のようにも表わせる．

$$P^2 + Q^2 - QV^2\left(\frac{1}{X_e} - \frac{1}{X_d}\right) < \frac{V^4}{4}\left\{\left(\frac{1}{X_e} + \frac{1}{X_d}\right)^2 - \left(\frac{1}{X_e} - \frac{1}{X_d}\right)^2\right\} = \frac{V^4}{X_e X_d} \quad (2\cdot38)$$

$$Q + \frac{V^2}{X_d} - \frac{X_e}{V^2}\left(P^2 + Q^2 + \frac{QV^2}{X_d}\right) > 0 \quad (2\cdot39)$$

X_e が0に近づいたときの安定範囲は，

$$Q > -\frac{V^2}{X_d} \quad (2\cdot40)$$

これは，図2・11で $\frac{V^2}{X_e} = \infty$ のときの限界 O'a' に相当する．したがって図2・9で，V_b 一定の時，無限大母線への潮流 $P + jQ'$ の安定範囲は，(2・40)式で，$Q \to Q'$，$X_d \to X_d + X_e$，$V \to V_b$ と置き換えて次のように表わせる（図2・15　a'c'）．

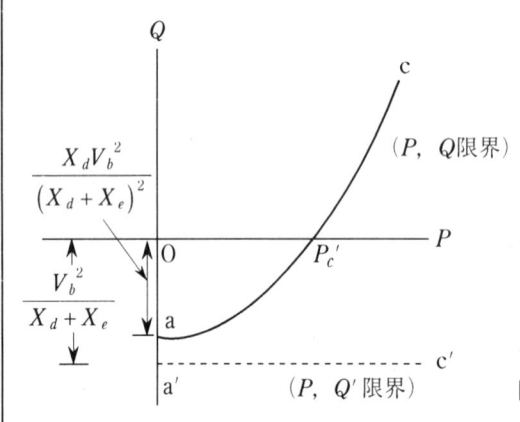

図2・15　無限大母線電圧一定時の安定限界

$$Q' > -\frac{V_b^2}{X_d + X_e} \quad (2\cdot41)$$

安定限界　次に安定限界では，図2・10の△O'bcについて，

$$(X_d + X_e)^2 I^2 = E^2 + V_b^2 \quad (2\cdot42)$$

また，E，V_b 間相差角 $\delta + \beta = 90°$ だから，

$$P = \frac{EV_b}{X_d + X_e} \quad (2\cdot43)$$

発電機無効電力　発電機無効電力 Q は，無限大母線無効電力 Q' と X_e の無効電力損失 $X_e I^2$ を加えたものだから，

$$Q = Q' + X_e I^2$$

2・5 円筒機の安定限界（無限大母線電圧一定）

$$= Q' + \frac{X_e\left(E^2 + V_b^2\right)}{\left(X_d + X_e\right)^2}$$

$$= Q' + X_e\left\{\frac{P^2}{V_b^2} + \frac{V_b^2}{\left(X_d + X_e\right)^2}\right\} \tag{2・44}$$

(2・44)式を(2・41)式に代入して，

$$Q - X_e\left\{\frac{P^2}{V_b^2} + \frac{V_b^2}{\left(X_d + X_e\right)^2}\right\} > -\frac{V_b^2}{X_d + X_e} \tag{2・45}$$

$$\therefore \ Q > \frac{X_e P^2}{V_b^2} - \frac{X_d V_b^2}{\left(X_d + X_e\right)^2} \tag{2・46}$$

この限界は，図2・15の放物線$aP_c'c$に相当し，これより上方がP, Qの安定範囲となる．(2・46)式で$Q=0$のときのPの安定限界P_c'は，

$$P_c' = \frac{X_d V_b^2}{\left(X_d + X_e\right)\sqrt{X_d X_e}} \tag{2・47}$$

で(2・29)式の発電機端子電圧一定時の安定限界 $P_c' = \dfrac{V^2}{\sqrt{X_d X_e}}$ と比べると，$V \fallingdotseq V_b$のときは$P_c' < P_c$となる．すなわち$Q < 0$の進相領域では発電機端子電圧一定時よりも，無限大母線電圧一定時の安定限界が狭くなるが，X_eがX_dに比べて充分小さければその差は少ない．

PQ軌跡 (2) 無限大母線および発電機端子電圧一定時のPQ軌跡

図2・9で，

$$\left.\begin{array}{l} P = \dfrac{V V_b}{X_e}\sin\beta \\[6pt] Q = \dfrac{V^2 - V V_b \cos\beta}{X_e} \end{array}\right\} \tag{2・48}$$

と表わせるから，

$$P^2 + \left(Q - \frac{V^2}{X_e}\right)^2 = \left(\frac{V V_b}{X_e}\right)^2 \tag{2・49}$$

したがって，V, V_b一定時のPQ軌跡は図2・16のように$P-Q$座標上で，

$$\left.\begin{array}{l} \text{中心}\ O' = \left(0,\ \dfrac{V^2}{X_e}\right) \\[6pt] \text{半径}\ R = \dfrac{V V_b}{X_e} \end{array}\right\}$$

の円となる．

以上より，無限大母線電圧V_b一定，発電機端子電圧がその上下限$\overline{V}$, $\underline{V}$の範囲内で，安定限界内にあるP, Qの範囲は図2・16の斜線部分となる．

2 1機無限大母線系統の定態安定度

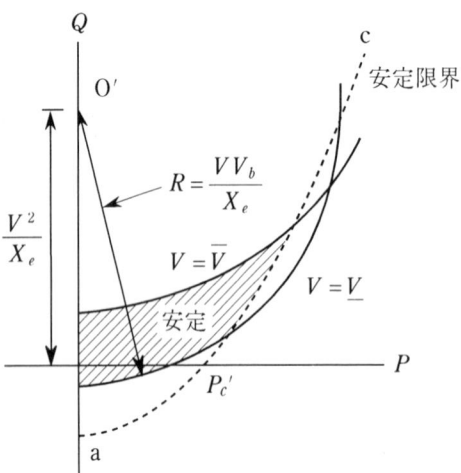

図2・16 無限大母線および発電機端子電圧一定時の安定範囲

〔問題 2〕 図2・17のように，定格容量700 MVA，定格出力600 MW，短絡比SCR＝0.6の円筒形発電機が外部リアクタンスX_eを通して無限大母線（$V_b=1.0$ PU）に接続されているとき，発電機端子電圧$V=0.95\sim1.05$ PUの範囲での電力・無効電力の安定運転範囲を図示せよ．発電機端子の系統側短絡容量は$S=2\,000$ MVAとする．

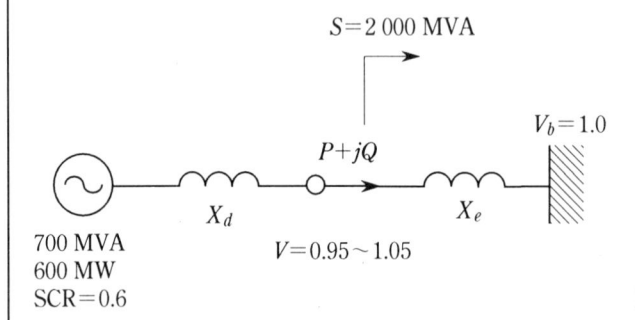

図2・17 1機無限大母線系統例

〔解答〕 1 000 MVA基準の単位法で，

$$X_d = \frac{1}{\text{SCR}} = \frac{1}{0.6}\,\text{[PU on 700 MVA]} = \frac{1}{0.6}\times\frac{1\,000}{700}$$
$$= 2.381\,\text{[PU on 1 000 MVA]}$$

$$X_e = \frac{1}{S} = \frac{1}{2\,000/1\,000} = 0.5\,\text{[PU on 1 000 MVA]}$$

これらを(2・46)式に代入し，$V_b=1.0$ PUとして安定限界は，

$$Q > \frac{X_e P^2}{V_b^2} - \frac{X_d V_b^2}{(X_d + X_e)^2}$$
$$= \frac{0.5 P^2}{1.0^2} - \frac{2.381 \times 1.0^2}{(2.381 + 0.5)^2}$$
$$= 0.5 P^2 - 0.281$$

これは図2・18①となる．また，$V=0.95$，$V_b=1.0$の軌跡は，

$$\begin{cases} \text{中心}\left(0,\ \dfrac{0.95^2}{0.5}=1.805\right) \\ \text{半径}\ =\dfrac{0.95\times 1.0}{0.5}=1.900 \end{cases}$$

―18―

で，同図③となる．同様にして $V=1.05$, $V_b=1.0$ の軌跡は④，電機子電流，界磁電流による限界は⑤，⑥，安定運転範囲は同図の斜線部となる．(2・26)式の $V=1.0$ 一定の安定限界は②となる．

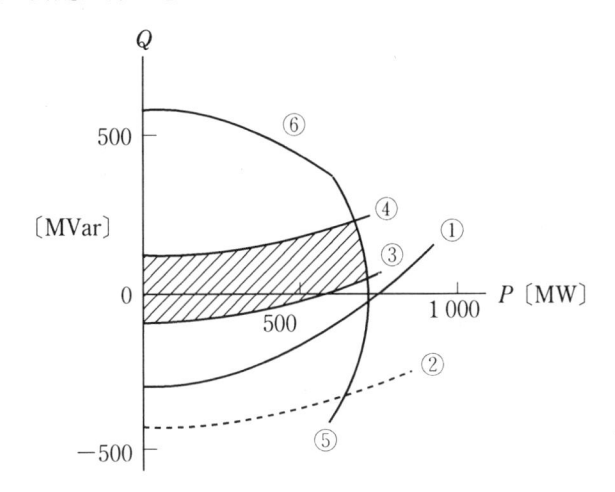

図2・18 安定運転範囲例

2・6　突極機の安定限界

図2・19のように外部リアクタンス X_e を通して電圧 V_b の無限大母線に接続される突極機の安定限界を求める．ベクトル図は図2・20となり無限大母線への電力・無効電力は，

$$P = \frac{E_f V_b \sin\delta'}{X_{de}} + \frac{(X_{de} - X_{qe})}{2X_{de}X_{qe}} V_b^2 \sin 2\delta' \tag{2・50}$$

$$Q' = \frac{E_f V_b \cos\delta' - V_b^2}{X_{de}} - \frac{(X_{de} - X_{qe})}{2X_{de}X_{qe}} V_b^2 (1 - \cos 2\delta') \tag{2・51}$$

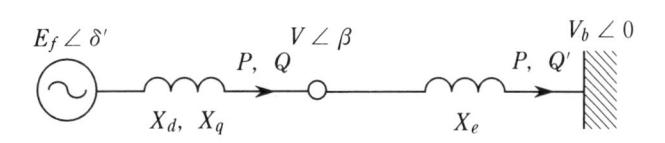

図2・19　1機無限大母線系統（突極機，外部リアクタンスあり）

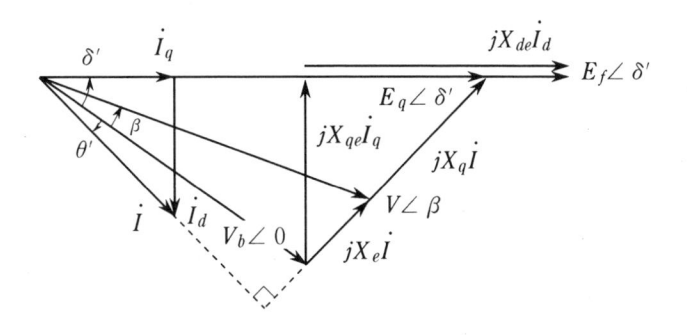

図2・20　突極機のベクトル図

2　1機無限大母線系統の定態安定度

ここに X_d, X_q：突極機の直軸，横軸リアクタンス

$$X_{de} = X_d + X_e, \quad X_{qe} = X_q + X_e$$

δ'：V_b と発電機内部電圧 E_f 間の相差角

安定限界　安定限界では，

$$\frac{dP}{d\delta'} = \frac{E_f V_b \cos\delta'}{X_{de}} + \frac{(X_{de} - X_{qe})}{X_{de} X_{qe}} V_b^2 \cos 2\delta' = 0 \tag{2・52}$$

$\cos 2\delta' = 2\cos^2\delta' - 1$ であるから，

$$\frac{E_f V_b \cos\delta'}{X_{de}} + \frac{(X_{de} - X_{qe})}{X_{de} X_{qe}} V_b^2 (2\cos^2\delta' - 1) = 0 \tag{2・53}$$

$$\therefore \quad \cos^2\delta' + 2a\cos\delta' - \frac{1}{2} = 0 \tag{2・54}$$

$$a = \frac{X_{qe} E_f}{4(X_{de} - X_{qe})V_b} = \frac{(X_q + X_e)E_f}{4(X_d - X_q)V_b} \tag{2・55}$$

安定限界相差角　したがって P が最大となる安定限界相差角 δ' は，

$$\cos\delta' = -a + \sqrt{a^2 + 0.5} \tag{2・56}$$

〔問題 3〕　無限大母線に接続される $X_d = 1.0$ PU，$X_q = 0.6$ PU の突極形発電機が無負荷定格電圧運転状態（$E_f = V_b = 1.0$ PU）から界磁電流一定（したがって E_f 一定）として出力を増加したとき，安定限界内部相差角 δ を求めよ．

〔解答〕　(2・55)式で $X_e = 0$ として，

$$a = \frac{(X_q + X_e)E_f}{4(X_d - X_q)V_b} = \frac{0.6 \times 1.0}{4 \times (1.0 - 0.6) \times 1.0} = 0.375$$

$$\cos\delta = -0.375 + \sqrt{0.375^2 + 0.5} = 0.425$$

$$\delta = 64.8°$$

突極機の定態安定限界　(2・50)〜(2・52)式より突極機の定態安定限界は次式で表わされる（付録・1参照）．

$$P^2 + \left\{Q - \frac{V^2}{2}\left(\frac{1}{X_e} - \frac{1}{X_q}\right)\right\}^2 + \frac{(X_d - X_q)(X_q + X_e)^2 V^4 P^2}{(X_d - X_e)X_q^3 X_e \left\{P^2 + \left(Q + \frac{V^2}{X_q}\right)^2\right\}}$$

$$= \left\{\frac{V^2}{2}\left(\frac{1}{X_e} + \frac{1}{X_q}\right)\right\}^2 \tag{2・57}*$$

V：発電機端子電圧

(2・57)式で $X_d = X_q$ とおけば (2・26)式と同形となる．

(2・57)式で表わされる突極機の安定限界は，図2・21のように，同期リアクタンス X_d の円筒機と X_q の円筒機の安定限界の間にあり，$P = 0$ のときは X_q の円筒機の安定

2·6 突極機の安定限界

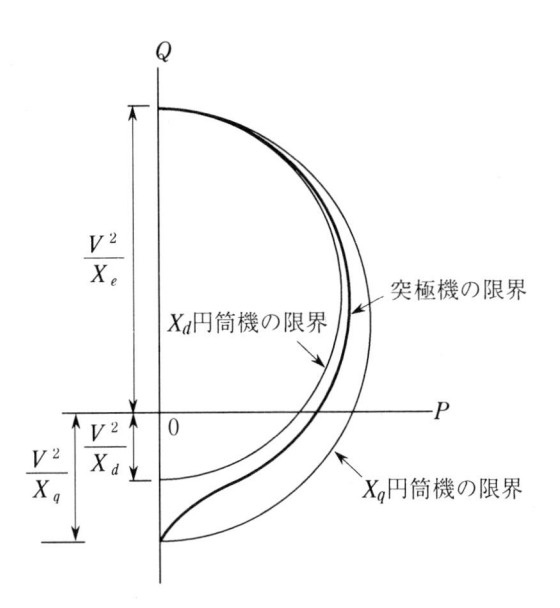

図2·21 突極機の安定限界（端子電圧一定）

限界に一致する（付録・1）．

　実系統で定態安定限界に近い長距離送電線の末端の水力発電機については，変圧器および送電線からなる外部リアクタンス X_e が大きくなり，X_{de} と X_{qe} の値が近づいてくる．したがって近似的には同期リアクタンス X_d の円筒機とみなすことができ，こうして求めた安定限界は突極性を考慮した場合よりも少な目となる．

3　2機系統の定態安定度

3・1　2機系統の運動方程式

　前章では送電端に比べて受電端発電機容量が無限大とみなせるほどに充分大きく，しかも負荷や送電線抵抗分を無視した場合について述べたが，この章では，図3・1のような一般的な2機系統の定態安定度について考察する．この2機系統は2台の同期機と，送電線，変圧器，負荷からなる系統で，同期機は，ここでは発電機の場合について述べるが，発電機1台と同期電動機1台の場合も同様に扱える．

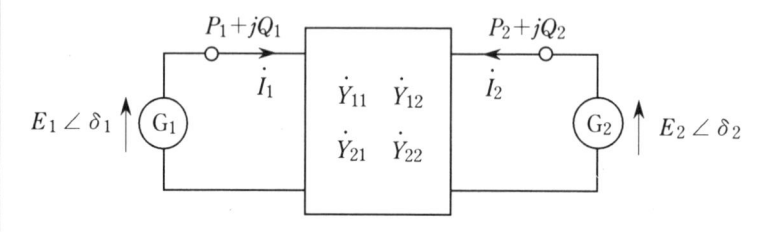

図3・1　2機系統

　送受電端の発電機G_1，G_2の内部電圧・電流の間には次の関係がある．

$$\left.\begin{array}{l}\dot{I}_1 = \dot{Y}_{11}\dot{E}_1 + \dot{Y}_{12}\dot{E}_2 \\ \dot{I}_2 = \dot{Y}_{21}\dot{E}_1 + \dot{Y}_{22}\dot{E}_2\end{array}\right\} \quad (3\cdot1)$$

ここに，

　　$\dot{I}_1$，$\dot{I}_2$：G_1，G_2の電流

　　$\dot{E}_1 = E_1\angle\delta_1$，$\dot{E}_2 = E_2\angle\delta_2$は，$G_1$，$G_2$の内部電圧

　　$\dot{Y}_{11} = Y_{11}\angle\theta_{11}$：$G_1$内部電圧端子からみた駆動点アドミタンス

　　$\dot{Y}_{22} = Y_{22}\angle\theta_{22}$：$G_2$内部電圧端子からみた駆動点アドミタンス

　　$\dot{Y}_{12} = Y_{12}\angle\theta_{12}$：$G_1$，$G_2$内部電圧端子間の伝達アドミタンス

　　$\dot{Y}_{21} = Y_{21}\angle\theta_{21} = \dot{Y}_{12}$

　$\dot{Y}_{11}$，$\dot{Y}_{22}$，$\dot{Y}_{12}$は発電機の定態インピーダンス，変圧器，負荷，送電線のインピーダンスを含む．

　G_1内部電圧端子の電力・無効電力P_1，Q_1は$\delta_{12} = \delta_1 - \delta_2$として，

$$P_1 + jQ_1 = \dot{E}_1 \bar{\dot{I}}_1 = \dot{E}_1\left(\bar{\dot{Y}}_{11}\bar{\dot{E}}_1 + \bar{\dot{Y}}_{12}\bar{\dot{E}}_2\right)$$
$$= Y_{11}E_1^2(\cos\theta_{11} - j\sin\theta_{11}) + Y_{12}E_1E_2\{\cos(\delta_{12} - \theta_{12})$$
$$+ j\sin(\delta_{12} - \theta_{12})\} \tag{3.2}$$

$$\left.\begin{array}{l} P_1 = Y_{11}E_1^2\cos\theta_{11} + Y_{12}E_1E_2\cos(\delta_{12} - \theta_{12}) \\ Q_1 = -Y_{11}E_1^2\sin\theta_{11} + Y_{12}E_1E_2\sin(\delta_{12} - \theta_{12}) \end{array}\right\} \tag{3.3}$$

ここで，

$$\left.\begin{array}{l} \alpha_{11} = \dfrac{\pi}{2} - \theta_{11}, \quad \alpha_{22} = \dfrac{\pi}{2} - \theta_{22} \\ \alpha_{12} = \dfrac{\pi}{2} - \theta_{12}, \quad \alpha_{21} = \dfrac{\pi}{2} - \theta_{21} = \alpha_{12} \end{array}\right\} \tag{3.4}$$

とおけば，

$$\left.\begin{array}{l} P_1 = Y_{11}E_1^2\sin\alpha_{11} + Y_{12}E_1E_2\sin(\delta_{12} + \alpha_{12}) \\ Q_1 = -Y_{11}E_1^2\cos\alpha_{11} - Y_{12}E_1E_2\cos(\delta_{12} + \alpha_{12}) \end{array}\right\} \tag{3.5}$$

G_2についても同様に，

$$\left.\begin{array}{l} P_2 = Y_{21}E_2E_1\sin(\delta_{21} + \alpha_{21}) + Y_{22}E_2^2\sin\alpha_{22} \\ Q_2 = -Y_{21}E_2E_1\cos(\delta_{21} + \alpha_{21}) - Y_{22}E_2^2\cos\alpha_{22} \end{array}\right\} \tag{3.6}$$

2機系統の電力方程式　　(3·5), (3·6)式が2機系統の電力方程式である．

この式で，E_1, E_2の大きさを一定とし，内部位相角が微少変化したときの電力変化分は，

$$\left.\begin{array}{l} \Delta P_1 = \dfrac{\partial P_1}{\partial \delta_1}\Delta\delta_1 + \dfrac{\partial P_1}{\partial \delta_2}\Delta\delta_2 \\ \Delta P_2 = \dfrac{\partial P_2}{\partial \delta_1}\Delta\delta_1 + \dfrac{\partial P_2}{\partial \delta_2}\Delta\delta_2 \end{array}\right\} \tag{3.7}$$

同期化力　　ここで同期化力を次のように表わす．

$$\left.\begin{array}{l} K_{11} = \dfrac{\partial P_1}{\partial \delta_1} = Y_{12}E_1E_2\cos(\delta_{12} + \alpha_{12}) \\ K_{12} = -\dfrac{\partial P_1}{\partial \delta_2} = K_{11} \\ K_{22} = \dfrac{\partial P_2}{\partial \delta_2} = Y_{21}E_2E_1\cos(\delta_{21} + \alpha_{21}) \\ K_{21} = -\dfrac{\partial P_2}{\partial \delta_1} = K_{22} \end{array}\right\} \tag{3.8}$$

自己同期化力
相互同期化力　　K_{11}はG_1の自己同期化力で，G_1以外の，すなわちG_2の内部位相角δ_2を一定としたとき（偏微分の意味）δ_1の微少変化に対するP_1の変化率，K_{12}は，G_1, G_2間の相互同期化力で，δ_1を一定としたときδ_2の微少変化に対するP_1の変化率である．アド

3 2機系統の定態安定度

ミタンスについては，$\dot{Y}_{12}=\dot{Y}_{21}$で対称であるが相互同期化力は一般に非対称で$K_{12}\neq K_{21}$となる．(3·7)，(3·8)式より，

$$\left.\begin{array}{l}\Delta P_1 = K_{11}\Delta\delta_1 - K_{12}\Delta\delta_2 = K_{12}\Delta\delta_1 - K_{12}\Delta\delta_2 \\ \Delta P_2 = -K_{21}\Delta\delta_1 + K_{22}\Delta\delta_2 = -K_{21}\Delta\delta_1 + K_{21}\Delta\delta_2\end{array}\right\} \quad (3\cdot 9)$$

負荷が零で，線路抵抗分，充電容量を無視し，$\dot{E}_1$，$\dot{E}_2$間の全直列リアクタンスをXとすれば（図3·2），

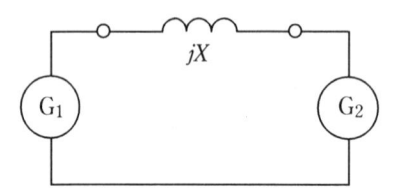

$$\left.\begin{array}{l}\dot{Y}_{11}=\dfrac{1}{jX}=\dfrac{1}{X}\angle -\dfrac{\pi}{2} \\ \theta_{11}=-\dfrac{\pi}{2},\quad \alpha_{11}=\pi\end{array}\right\} \quad (3\cdot 10)$$

$$\left.\begin{array}{l}\dot{Y}_{12}=-\dfrac{1}{jX}=\dfrac{1}{X}\angle \dfrac{\pi}{2} \\ \theta_{12}=\dfrac{\pi}{2},\quad \alpha_{12}=0\end{array}\right\} \quad (3\cdot 11)$$

図3·2 純リアクタンス2機系統

これらを(3·5)第1式に代入して，

$$P_1 = \frac{E_1 E_2}{X}\sin\delta_{12} \quad (3\cdot 12)$$

$$K_{11}=\frac{\partial P_1}{\partial \delta_1}=\frac{E_1 E_2}{X}\cos\delta_{12} \quad (3\cdot 13)$$

となり，(2·4)，(2·7)式と一致する．

次にδ_1に関する運動方程式は次のように表わせる（付録・2参照）．

$$\frac{M_1}{\omega_n}\frac{d^2\delta_1}{dt^2}=P_{M1}-P_1 \quad (3\cdot 14)$$

ここに，

M_1：G_1の慣性定数〔PU·s〕

ω_n：G_1の定格角速度$=2\pi f_n$〔rad/s〕，f_n：定格周波数〔Hz〕

t：時間〔s〕

P_{M1}，P_1：G_1の機械的入力，電気的出力〔PU〕

P_{M1}一定として，変化分については，

$$\frac{M_1}{\omega_n}\frac{d^2\Delta\delta_1}{dt^2}=-\Delta P_1 \quad (3\cdot 15)$$

次に，

$$\tau = \sqrt{\omega_n}\,t \quad (3\cdot 16)$$

とおけば，

$$\left. \begin{array}{l} \dfrac{d\tau}{dt} = \sqrt{\omega_n} \\[4pt] \dfrac{d\Delta\delta_1}{dt} = \dfrac{d\Delta\delta_1}{d\tau}\dfrac{d\tau}{dt} = \sqrt{\omega_n}\dfrac{d\Delta\delta_1}{d\tau} \\[4pt] \dfrac{d^2\Delta\delta_1}{dt^2} = \omega_n\dfrac{d^2\Delta\delta_1}{d\tau^2} \end{array} \right\} \quad (3\cdot 17)$$

したがって $(3\cdot 15)$ 式は，

$$\dfrac{d^2\Delta\delta_1}{d\tau^2} = -\dfrac{\Delta P_1}{M_1} \quad (3\cdot 18)$$

G_2 についても同様に，

$$\dfrac{d^2\Delta\delta_2}{d\tau^2} = -\dfrac{\Delta P_2}{M_2} \quad (3\cdot 19)$$

2機系統の運動方程式　$(3\cdot 18)$, $(3\cdot 19)$ 式を $(3\cdot 9)$ 式に代入して，次のような2機系統の運動方程式が得られる．

$$\left. \begin{array}{l} \dfrac{d^2\Delta\delta_1}{d\tau^2} + k_{12}\Delta\delta_1 - k_{12}\Delta\delta_2 = \dfrac{d^2\Delta\delta_1}{d\tau^2} + k_{12}\Delta\delta_{12} = 0 \\[6pt] -k_{21}\Delta\delta_1 + \dfrac{d^2\Delta\delta_2}{d\tau^2} + k_{21}\Delta\delta_2 = \dfrac{d^2\Delta\delta_2}{d\tau^2} - k_{21}\Delta\delta_{12} = 0 \end{array} \right\} \quad (3\cdot 20)^*$$

ここに，

$$\left. \begin{array}{l} k_{12} = \dfrac{K_{12}}{M_1} \\[6pt] k_{21} = \dfrac{K_{21}}{M_2} \end{array} \right\} \quad (3\cdot 21)$$

$(3\cdot 20)$ 第1式から第2式を差引いて，

$$\dfrac{d^2\Delta\delta_{12}}{d\tau^2} + (k_{12}+k_{21})\Delta\delta_{12} = 0 \quad (3\cdot 22)^*$$

3·2　2機系統の安定条件

$\rho = k_{12} + k_{21}$ とおいて，$(3\cdot 22)$ 式の解は次のようになる．

(1) $\rho > 0$ の場合（安定）

$$\begin{aligned} \Delta\delta_{12} &= A\cos(\sqrt{\rho}\,\tau + \gamma) \\ &= A\cos(\sqrt{\rho\omega_n}\,t + \gamma) \end{aligned} \quad (3\cdot 23)$$

の単振動となる．ここに，A, γ は初期条件によって定まる定数．

なぜなら，

3 2機系統の定態安定度

$$\left. \begin{aligned} \frac{d\Delta\delta_{12}}{d\tau} &= -\sqrt{\rho}\,A\sin(\sqrt{\rho}\,\tau+\gamma) \\ \frac{d^2\Delta\delta_{12}}{d\tau^2} &= -\rho A\cos(\sqrt{\rho}\,\tau+\gamma) = -\rho\Delta\delta_{12} \end{aligned} \right\} \quad (3\cdot24)$$

となり，これは(3・22)式を満足するからである．

単振動の周期　単振動の周期 T は，

$$T = \frac{2\pi}{\sqrt{\rho}\,\omega_n} = \frac{2\pi}{\sqrt{\left(\dfrac{K_{12}}{M_1}+\dfrac{K_{21}}{M_2}\right)\omega_n}} \quad (3\cdot25)^*$$

実系統では，(3・14)式で無視した発電機の制動巻線などによる制動効果により振動は減衰するから，$\rho>0$ の場合は安定となる．

(2) $\rho<0$ の場合（不安定）

$$\Delta\delta_{12} = A\varepsilon^{\sqrt{-\rho}\,\tau} + B\varepsilon^{-\sqrt{-\rho}\,\tau} \quad (3\cdot26)$$

となる．ここに，A,B は初期条件によって定まる定数．

なぜなら，

$$\left. \begin{aligned} \frac{d\Delta\delta_{12}}{d\tau} &= \sqrt{-\rho}\,A\varepsilon^{\sqrt{-\rho}\,\tau} - \sqrt{-\rho}\,B\varepsilon^{-\sqrt{-\rho}\,\tau} \\ \frac{d^2\Delta\delta_{12}}{d\tau^2} &= -\rho A\varepsilon^{\sqrt{-\rho}\,\tau} - \rho B\varepsilon^{-\sqrt{-\rho}\,\tau} = -\rho\Delta\delta_{12} \end{aligned} \right\} \quad (3\cdot27)$$

となり，(3・22)式を満足するからである．この場合 $\Delta\delta_{12}$ は時間的に増加して，2機間の同期が維持できなくなるから不安定である．

以上より，(3・22)式で相差角 $\Delta\delta_{12}$ が時間的に増加せず，安定運転できるのは，$\rho>0$ の場合であり，2機系統の安定条件は次のように表わせる．

2機系統の安定条件

$$\rho = \frac{K_{12}}{M_1} + \frac{K_{21}}{M_2} > 0 \quad (3\cdot28)^*$$

$\rho=0$ が安定限界となる．

3・3　安定限界相差角

(3・28)式に(3・8)式を代入すると，

$$\begin{aligned} \rho &= \frac{Y_{12}E_1E_2\cos(\delta_{12}+\alpha_{12})}{M_1} + \frac{Y_{21}E_2E_1\cos(\delta_{21}+\alpha_{21})}{M_2} \\ &= \frac{Y_{12}E_1E_2}{M_1M_2}\{M_2\cos(\delta_{12}+\alpha_{12}) + M_1\cos(-\delta_{12}+\alpha_{12})\} \\ &= \frac{Y_{12}E_1E_2}{M_1M_2}\{M_2(\cos\delta_{12}\cos\alpha_{12} - \sin\delta_{12}\sin\alpha_{12}) \end{aligned}$$

3·3 安定限界相差角

$$+ M_1(\cos\delta_{12}\cos\alpha_{12} + \sin\delta_{12}\sin\alpha_{12})\}$$

$$= \frac{Y_{12}E_1E_2}{M_1M_2}\{(M_1+M_2)\cos\delta_{12}\cos\alpha_{12}$$

$$+ (M_1-M_2)\sin\delta_{12}\sin\alpha_{12}\} \tag{3·29}$$

$$(\because Y_{12}=Y_{21}, \ \alpha_{12}=\alpha_{21}, \ \delta_{21}=-\delta_{12})$$

安定限界　安定限界では，$\rho=0$ より，$M_1 \neq M_2$ のときは，

$$\tan\delta_{12m} = \frac{M_2+M_1}{M_2-M_1}\cot\alpha_{12} \tag{3·30}$$

$\cot\alpha_{12} = \cot\left(\dfrac{\pi}{2}-\theta_{12}\right) = \tan\theta_{12}$ であるから，

$$\tan\delta_{12m} = \frac{M_2+M_1}{M_2-M_1}\tan\theta_{12} \tag{3·31}*$$

安定条件　安定条件は，発電機の慣性定数により次のようになる．

(a) $M_1 \ll M_2$ の場合

$$\left.\begin{array}{l} K_{12}>0 \ \text{または} \ \cos(\delta_{12}+\alpha_{12})>0 \\ \text{すなわち，} \ \dfrac{\pi}{2}>\delta_{12}+\alpha_{12}>-\dfrac{\pi}{2} \\ \text{または} \ \theta_{12}>\delta_{12}>-\pi+\theta_{12} \end{array}\right\} \tag{3·32}$$

(b) $M_1 = M_2$ の場合

$$\left.\begin{array}{l} K_{12}+K_{21}>0 \ \text{または} \ \cos\delta_{12}>0 \\ \text{すなわち，} \ \dfrac{\pi}{2}>\delta_{12}>-\dfrac{\pi}{2} \end{array}\right\} \tag{3·33}$$

(c) $M_1 \gg M_2$ の場合

$$\left.\begin{array}{l} K_{21}>0 \ \text{または} \ \cos(\delta_{21}+\alpha_{21})>0 \\ \text{すなわち，} \ \dfrac{\pi}{2}>\delta_{21}+\alpha_{21}>-\dfrac{\pi}{2} \\ \theta_{12}>-\delta_{12}>-\pi+\theta_{12} \\ \therefore \ \pi-\theta_{12}>\delta_{12}>-\theta_{12} \end{array}\right\} \tag{3·34}$$

安定限界相差角　安定限界相差角 δ_{12m} と θ_{12} の関係は図 3·3 となり，$\dfrac{M_2}{M_1}$ が 4～5 程度以上では，$\dfrac{M_2}{M_1}=\infty$ の場合に近づく．

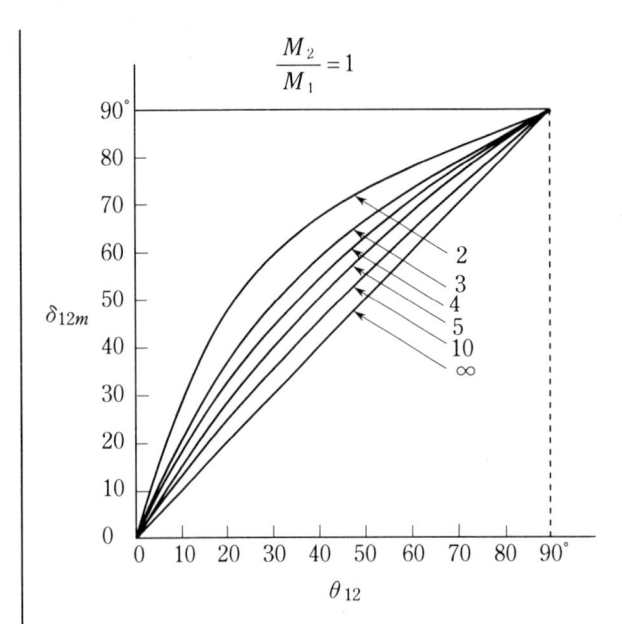

図 3・3 θ_{12} と安定限界相差角 δ_{12m}

図 3・4 は，同図のように中間負荷をもつ系統で発電機内部電圧を一定としたときの電力円線図であり，安定限界は次のようになる．

(a) の場合は送電円の最大電力の点 a_1，a_2

(b) の場合は，$\delta_{12} = \dfrac{\pi}{2}$ の b_1，b_2 点

(c) の場合は，受電円の最大電力の点 c_1，c_2

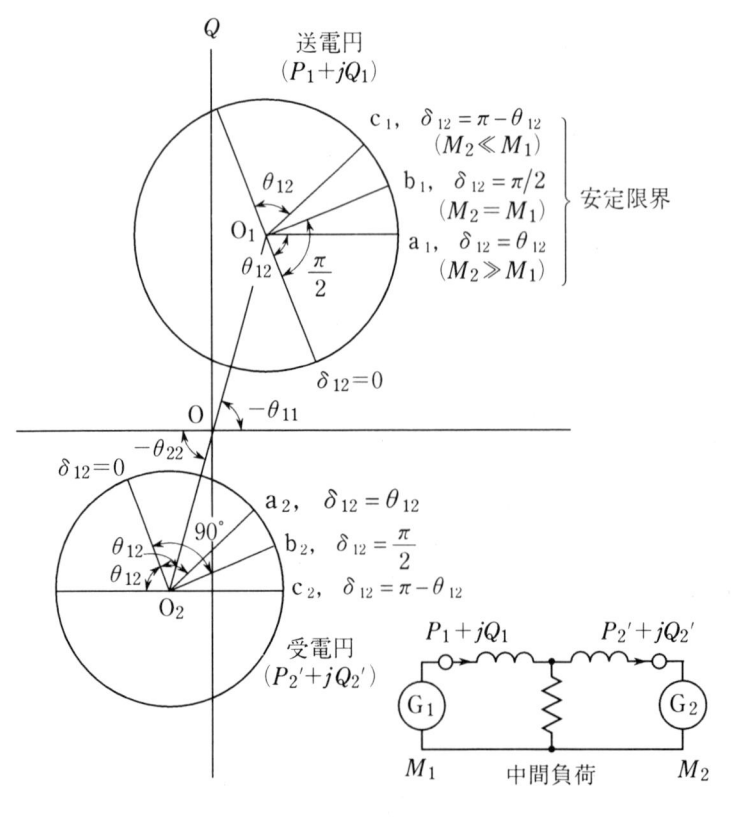

図 3・4 円線図と安定限界

中間負荷　中間負荷のある場合は通常 $\dfrac{\pi}{2} > \theta_{12} > 0$ だから，M_1 に比べて M_2 が小さいほど安定限界相差角は増加する傾向がある．

3·3 安定限界相差角

なお図3·4の受電円の潮流正方向は，図3·1とは逆に，発電機に流入する向きにとってある．

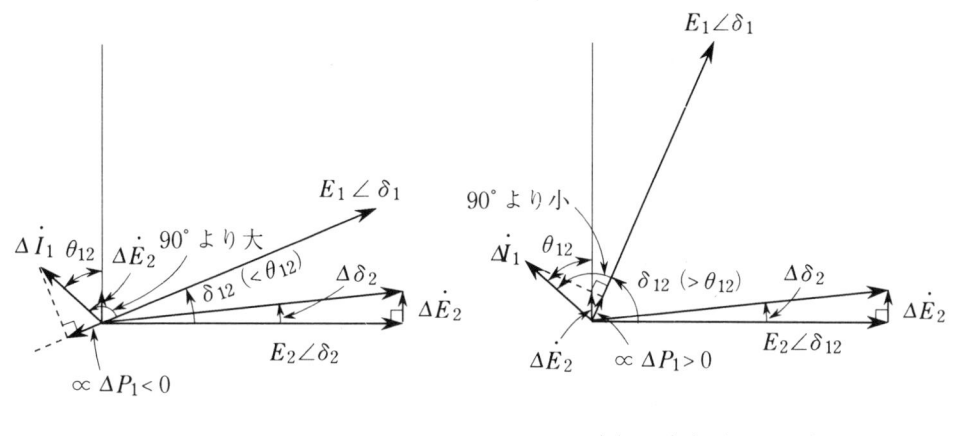

(a) 安定 ($\delta_{12} < \theta_{12}$)

(b) 不安定 ($\delta_{12} > \theta_{12}$)

図3·5 2機系統の電圧電流ベクトル図

安定限界相差角

(a)の場合，G_1位相角の進み方向の安定限界相差角δ_{12}は，(3·32)式よりθ_{12}となるが，これに対応する電圧・電流ベクトル図は図3·5となる．(3·1)式で$\dot{E}_1$を一定として，G_2を微少加速して$\dot{E}_2$の位相角を$\Delta\delta_2$増加させ，$\dot{E}_2$が$\Delta\dot{E}_2 = E_2\Delta\delta_2\angle(\delta_2+\pi/2)$変化した場合の$G_1$の電流変化は，

$$\Delta\dot{I}_1 = \dot{Y}_{12}\Delta\dot{E}_2$$
$$= (Y_{12}\angle\theta_{12})\{E_2\Delta\delta_2\angle(\delta_2+\pi/2)\}$$
$$= Y_{12}E_2\Delta\delta_2\angle(\delta_2+\theta_{12}+\pi/2) \tag{3·35}$$

$$\therefore \Delta P_1 = \mathrm{Re}\{\dot{E}_1\overline{\Delta\dot{I}_1}\}$$
$$= \mathrm{Re}\{(E_1\angle\delta_1)(Y_{12}E_2\Delta\delta_2\angle(\delta_2+\theta_{12}+\pi/2))\}$$
$$= Y_{12}E_1E_2\Delta\delta_2\cos\left(\delta_{12}-\theta_{12}-\frac{\pi}{2}\right)$$
$$= Y_{12}E_1E_2\Delta\delta_2\sin(\delta_{12}-\theta_{12}) \tag{3·36}$$

したがってG_2をやや加速して$\Delta\delta_2 > 0$としたとき，
(1) $\theta_{12} > \delta_{12}$なら$\Delta P_1 < 0$で$G_1$に加速力が働くから安定（図3·5(a)）
(2) $\theta_{12} < \delta_{12}$なら$\Delta P_1 > 0$で$G_1$に減速力が働くから不安定（同図(b)）
となるわけである．

4 多機系統の定態安定度

4・1 多機系統の運動方程式

図4・1のように，n 台の同期発電機（同期電動機を含んでもよい）からなる系統において，発電機 i（$=1\sim n$）の電力 P_i は，

$$P_i = \sum_{j=1}^{n} Y_{ij} E_i E_j \sin(\delta_{ij} + \alpha_{ij}) \tag{4・1}$$

n 機系統

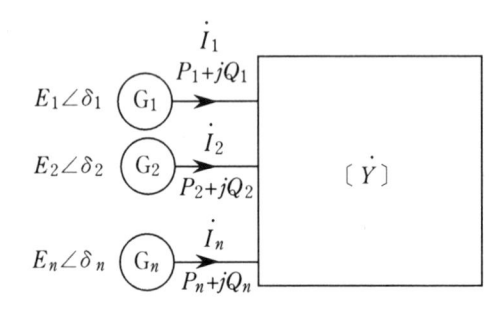

図4・1 n 機系統

ここに，$E_i \angle \delta_i$，$E_j \angle \delta_j$：発電機 i, j の内部電圧（定態インピーダンスの背後電圧）

$\delta_{ij} = \delta_i - \delta_j$

伝達アドミタンス

$Y_{ij} \angle \theta_{ij}$：発電機 i, j の内部電圧間の伝達アドミタンス

$$(i, j = 1 \sim n, i \neq j)$$

$Y_{ii} \angle \theta_{ii}$：発電機 i の内部電圧からみた自己アドミタンス

$$(i = 1 \sim n)$$

$\alpha_{ij} = \dfrac{\pi}{2} - \theta_{ij}$

(4・1)式の変化分は次のように表わせる．

$$\left.\begin{array}{l}\Delta P_1 = K_{11}\Delta\delta_1 - K_{12}\Delta\delta_2 - \cdots\cdots - K_{1n}\Delta\delta_n \\ \Delta P_2 = -K_{21}\Delta\delta_1 + K_{22}\Delta\delta_2 - \cdots\cdots - K_{2n}\Delta\delta_n \\ \cdots\cdots\cdots \\ \Delta P_n = -K_{n1}\Delta\delta_1 - K_{n2}\Delta\delta_2 \cdots\cdots + K_{nn}\Delta\delta_n \end{array}\right\} \tag{4・2}*$$

ここに，

4・1 多機系統の運動方程式

$$\left.\begin{aligned}K_{ii} &= \frac{\partial P_i}{\partial \delta_i} = \sum_{\substack{j=1 \\ j \neq i}}^{n} K_{ij} \\ K_{ij} &= -\frac{\partial P_i}{\partial \delta_j} = Y_{ij} E_i E_j \cos(\delta_{ij} + \alpha_{ij})\end{aligned}\right\} \quad (4\cdot3)$$

発電機 i の運動方程式は,慣性定数を M_i,機械的入力を一定として,

$$\frac{d^2 \Delta \delta_i}{d\tau^2} = -\frac{\Delta P_i}{M_i} \quad (i = 1 \sim n) \quad (4\cdot4)^*$$

n 機系統の運動方程式

$\tau = \sqrt{\omega_n}\, t$,$(4\cdot2)$,$(4\cdot4)$ 式より,n 機系統の運動方程式は次のようになる.

$$\left.\begin{aligned}\frac{d^2 \Delta \delta_1}{d\tau^2} + k_{11}\Delta \delta_1 - k_{12}\Delta \delta_2 - \cdots\cdots - k_{1n}\Delta \delta_n &= 0 \\ -k_{21}\Delta \delta_1 + \frac{d^2 \Delta \delta_2}{d\tau^2} + k_{22}\Delta \delta_2 - \cdots\cdots - k_{2n}\Delta \delta_n &= 0 \\ \cdots\cdots\cdots \\ -k_{n1}\Delta \delta_1 - k_{n2}\Delta \delta_2 - \cdots\cdots + \frac{d^2 \Delta \delta_n}{d\tau^2} + k_{nn}\Delta \delta_n &= 0\end{aligned}\right\} \quad (4\cdot5)$$

$$k_{ij} = \frac{K_{ij}}{M_i} \quad (i,\ j = 1 \sim n)$$

ここで,$\Delta \delta_1$ の係数を,

$$\left.\begin{aligned}k_{11} &= k_{12} + k_{13} + \cdots\cdots + k_{1n} \\ -k_{21} &= -k_{22} + k_{23} + \cdots\cdots + k_{2n} \\ &\cdots\cdots\cdots \\ -k_{n1} &= k_{n2} + k_{n3} + \cdots\cdots - k_{nn}\end{aligned}\right\} \quad (4\cdot6)$$

と書き換えると,

$$\left.\begin{aligned}\frac{d^2 \Delta \delta_1}{d\tau^2} - k_{12}\Delta \delta_{21} - k_{13}\Delta \delta_{31} - \cdots\cdots - k_{1n}\Delta \delta_{n1} &= 0 \\ \frac{d^2 \Delta \delta_2}{d\tau^2} + k_{22}\Delta \delta_{21} - k_{23}\Delta \delta_{31} - \cdots\cdots - k_{2n}\Delta \delta_{n1} &= 0 \\ \cdots\cdots\cdots \\ \frac{d^2 \Delta \delta_n}{d\tau^2} - k_{n2}\Delta \delta_{21} - k_{n3}\Delta \delta_{31} - \cdots\cdots + k_{nn}\Delta \delta_{n1} &= 0\end{aligned}\right\} \quad (4\cdot7)$$

この第2〜n式から第1式を差引いて,n 機系の運動方程式は次式のようにも表わせる.

4 多機系統の定態安定度

$$\left.\begin{array}{l}\dfrac{d^2\Delta\delta_{21}}{d\tau^2}+(k_{12}+k_{22})\Delta\delta_{21}+(k_{13}-k_{23})\Delta\delta_{31}+\cdots\cdots+(k_{1n}-k_{2n})\Delta\delta_{n1}=0\\(k_{12}-k_{32})\Delta\delta_{21}+\dfrac{d^2\Delta\delta_{31}}{d\tau^2}+(k_{13}+k_{33})\Delta\delta_{31}+\cdots\cdots+(k_{1n}-k_{3n})\Delta\delta_{n1}=0\\\cdots\cdots\cdots\\(k_{12}-k_{n2})\Delta\delta_{21}+(k_{13}-k_{n3})\Delta\delta_{31}+\cdots\cdots+\dfrac{d^2\Delta\delta_{n1}}{d\tau^2}+(k_{1n}+k_{nn})\Delta\delta_{n1}=0\end{array}\right\} \quad (4\cdot8)^*$$

$(4\cdot8)$ 式において,

$$\Delta\delta_{i1}=a_i\varepsilon^{p\tau} \qquad (i=2\sim n) \tag{4·9}$$

とおくと,

$$\left.\begin{array}{l}(p^2+k_{12}+k_{22})a_2+(k_{13}-k_{23})a_3+\cdots\cdots+(k_{1n}-k_{2n})a_n=0\\(k_{12}-k_{32})a_2+(p^2+k_{13}+k_{33})a_3+\cdots\cdots+(k_{1n}-k_{3n})a_n=0\\\cdots\cdots\cdots\\(k_{12}-k_{n2})a_2+(k_{13}-k_{n3})a_3+\cdots\cdots+(p^2+k_{1n}+k_{nn})a_n=0\end{array}\right\} \tag{4·10}$$

上式の左辺を, b_2, b_3, ……, b_n とおいて,

$$\left.\begin{array}{l}(p^2+k_{12}+k_{22})a_2+(k_{13}-k_{23})a_3+\cdots\cdots+(k_{1n}-k_{2n})a_n=b_2\\(k_{12}-k_{32})a_2+(p^2+k_{13}+k_{33})a_3+\cdots\cdots+(k_{1n}-k_{3n})a_n=b_3\\\cdots\cdots\cdots\\(k_{12}-k_{n2})a_2+(k_{13}-k_{n3})a_3+\cdots\cdots+(p^2+k_{1n}+k_{nn})a_n=b_n\end{array}\right\} \tag{4·11}$$

これを, 未知数 a_2, a_3, ……, a_n に関する連立一次方程式とみなせば, この解は次のように表わせる.

$$a_i=\dfrac{|K_i'|}{|K'|} \qquad (i=2\sim n) \tag{4·12}$$

ここに,

$$K'=\begin{pmatrix}p^2+k_{12}+k_{22}, & k_{13}-k_{23}, & \cdots\cdots, & k_{1n}-k_{2n}\\k_{12}-k_{32}, & p^2+k_{13}+k_{33}, & \cdots\cdots, & k_{1n}-k_{3n}\\\cdots\cdots\cdots\\k_{12}-k_{n2}, & k_{13}-k_{n3}, & \cdots\cdots, & p^2+k_{1n}+k_{nn}\end{pmatrix} \tag{4·13}$$

$$K_i'=\begin{pmatrix}p^2+k_{12}+k_{22}, & k_{13}-k_{23}, & \cdots\cdots, & \overset{i列}{b_2} & \cdots\cdots, & k_{1n}-k_{2n}\\k_{12}-k_{32}, & p^2+k_{13}+k_{33}, & \cdots\cdots, & b_3 & \cdots\cdots, & k_{1n}-k_{3n}\\\cdots\cdots\cdots\\k_{12}-k_{n2}, & k_{13}-k_{n3}, & \cdots\cdots, & b_n & \cdots\cdots, & p^2+k_{1n}+k_{nn}\end{pmatrix}$$

$$\tag{4·14}$$

K' は, $(4\cdot11)$ 式の係数行列, K_i' は K' の i 列を, b_2, b_3, …, b_n で置換えた行列,

$|K'|$，$|K_i'|$ は K'，K_i' の行列式である．(4・10) 式は (4・11) 式で，$b_2=b_3=\cdots=b_n=0$ の場合に相当するから，(4・12)式で $|K_i'|=0$ となり，もしも $|K'|\neq 0$ なら，$a_i=0$ $(i=2〜n)$ となる．したがって，(4・10) 式で a_i がすべては0でないためには，$|K'|=0$ でなければならない．

$x\equiv p^2$，$|K'|$ を x の関数 $f(x)$ とおけば，

$$f(x)\equiv |K'| = \begin{vmatrix} x+k_{12}+k_{22}, & k_{13}-k_{23}, & \cdots\cdots, & k_{1n}-k_{2n} \\ k_{12}-k_{32}, & x+k_{13}+k_{33} & \cdots\cdots & k_{1n}-k_{3n} \\ & \cdots\cdots\cdots \\ k_{12}-k_{n2}, & k_{13}-k_{n3}, & \cdots\cdots, & x+k_{1n}+k_{nn} \end{vmatrix}$$

$$= \begin{vmatrix} 1, & -k_{12}, & -k_{13}, & \cdots\cdots, & -k_{1n} \\ 0, & x+k_{12}+k_{22}, & k_{13}-k_{23} & \cdots\cdots & k_{1n}-k_{2n} \\ 0, & k_{12}-k_{32}, & x+k_{13}+k_{33}, & \cdots\cdots, & k_{1n}-k_{3n} \\ & \cdots\cdots\cdots \\ 0, & k_{12}+k_{n2}, & k_{13}-k_{n3}, & \cdots\cdots, & x+k_{1n}+k_{nn} \end{vmatrix}$$

$$= \begin{vmatrix} 1, & -k_{12}, & -k_{13}, & \cdots\cdots, & -k_{1n} \\ 1, & x+k_{22}, & -k_{23} & \cdots\cdots, & -k_{2n} \\ 1, & -k_{32}, & x+k_{33}, & \cdots\cdots, & -k_{3n} \\ & \cdots\cdots\cdots \\ 1, & -k_{n2}, & -k_{n3}, & \cdots\cdots, & x+k_{nn} \end{vmatrix} = 0 \tag{4・15}$$

n 機系の
特性方程式

(4・15) 式は，x の $n-1$ 次の多項式で，n 機系の特性方程式と呼ばれる．$f(x)=0$ の根を x_k $(k=1〜n-1)$ としたとき，(4・8) 式の解は次式で表わせる．

$$\Delta\delta_{i1} = \sum_{k=1}^{n-1}\left(a_{ik}\varepsilon^{\sqrt{x_k}\tau}+b_{ik}\varepsilon^{-\sqrt{x_k}\tau}\right)\quad (i=2〜n) \tag{4・16}$$

なぜなら，一つの根 x_k に対する1組の解を，

$$\left.\begin{aligned}\Delta\delta_{21k+} &= a_{2k}\varepsilon^{\sqrt{x_k}\tau} \\ \Delta\delta_{31k+} &= a_{3k}\varepsilon^{\sqrt{x_k}\tau} \\ &\cdots\cdots \\ \Delta\delta_{n1k+} &= a_{nk}\varepsilon^{\sqrt{x_k}\tau}\end{aligned}\right\} \tag{4・17}$$

とすると，

$$\left.\begin{aligned}\frac{d^2\Delta\delta_{21k+}}{d\tau^2} &= x_k a_{2k}\varepsilon^{\sqrt{x_k}\tau} = x_k\Delta\delta_{21k+} \\ \frac{d^2\Delta\delta_{31k+}}{d\tau^2} &= x_k\Delta\delta_{31k+} \\ &\cdots\cdots \\ \frac{d^2\Delta\delta_{n1k+}}{d\tau^2} &= x_k\Delta\delta_{n1k+}\end{aligned}\right\} \tag{4・18}$$

であるから，(4・17)，(4・18) 式を (4・8) 式の左辺に代入すれば，

$$\left.\begin{array}{l}\{(x_k+k_{12}+k_{22})a_{2k}+(k_{13}-k_{23})a_{3k}+\cdots\cdots+(k_{1n}-k_{2n})a_{nk}\}\varepsilon^{\sqrt{x_k}\tau}\\ \{(k_{12}-k_{32})a_{2k}+(x_k+k_{13}+k_{33})a_{3k}+\cdots\cdots+(k_{1n}-k_{3n})a_{nk}\}\varepsilon^{\sqrt{x_k}\tau}\\ \cdots\cdots\\ \{(k_{12}-k_{n2})a_{2k}+(k_{13}-k_{n3})a_{3k}+\cdots\cdots+(x_k+k_{1n}+k_{nn})a_{nk}\}\varepsilon^{\sqrt{x_k}\tau}\end{array}\right\} \quad (4\cdot 19)$$

(4・19)式の係数行列式 $|K'|$ は0であるから，すべては0でない $a_{2k}, a_{3k}, \cdots\cdots,$ a_{nk} に対して， $|\ \ |$ 内はすべて0になる．したがって，その $a_{2k}, a_{3k}, \cdots a_{nk}$ に対して (4・17) 式は (4・8) 式を満足することがわかる．

$$\Delta\delta_{i1k-}=b_{ik}\varepsilon^{-\sqrt{x_k}\tau} \quad (i=2\sim n) \quad (4\cdot 20)$$

および (4・17)，(4・20) 式を加えた

$$\Delta\delta_{i1k}=a_{ik}\varepsilon^{\sqrt{x_k}\tau}+b_{ik}\varepsilon^{-\sqrt{x_k}\tau} \quad (i=2\sim n) \quad (4\cdot 21)$$

も (4・8) 式を満足する．したがって，これらをすべての根 x_k ($k=1\sim n-1$) について加えた (4・16) 式は，(4・8) 式を満足し，初期条件によって定まる $2(n-1)$ 個の定数 a_{ik}, b_{ik} を含んでいるから (4・8) 式の解となる．

4・2　多機系統の安定条件

特性方程式の根の値によって次のケースに分けられる．
(1) 相異なる負実根の場合（安定）
x_k が負実数の場合，(4・21) 式において，

$$\begin{aligned}\Delta\delta_{i1k}&=a_{ik}\varepsilon^{j\sqrt{-x_k}\tau}+b_{ik}\varepsilon^{-j\sqrt{-x_k}\tau}\\ &=a_{ik}(\cos\sqrt{-x_k}\tau+j\sin\sqrt{-x_k}\tau)+b_{ik}(\cos\sqrt{-x_k}\tau-j\sin\sqrt{-x_k}\tau)\\ &=(a_{ik}+b_{ik})\cos\sqrt{-x_k}\tau+j(a_{ik}-b_{ik})\sin\sqrt{-x_k}\tau\end{aligned} \quad (4\cdot 22)$$

ここで，

$$\left.\begin{array}{l}a_{ik}'=a_{ik}+b_{ik}\\ b_{ik}'=j(a_{ik}-b_{ik})\end{array}\right\} \quad (4\cdot 23)$$

すなわち，実数 a_{ik}', b_{ik}' に対して，

$$\left.\begin{array}{l}a_{ik}=\left(a_{ik}'-jb_{ik}'\right)/2\\ b_{ik}'=\left(a_{ik}'+jb_{ik}'\right)/2\end{array}\right\} \quad (4\cdot 24)$$

とおけば，

$$\Delta\delta_{i1k}=a_{ik}'\cos\sqrt{-x_k}\tau+b_{ik}'\sin\sqrt{-x_k}\tau$$

$$= A_{ik} \cos\left(\sqrt{-x_k}\,\tau - \gamma_{ik}\right) \tag{4·25}$$

ここに,

$$\left.\begin{array}{l} A_{ik}' = \sqrt{a_{ik}'^2 + jb_{ik}'^2} \\ \tan\gamma_{ik} = \dfrac{b_{ik}'}{a_{ik}'} \end{array}\right\} \tag{4·26}$$

すなわち x_k に対応する解は,角速度 $\sqrt{-x_k}$ の単振動となり,(4·8) 式の解は $(n-1)$ 個の単振動の合成として次式で表わせる.

$$\Delta\delta_{i1} = \sum_{k=1}^{n-1} A_{ik} \cos\left(\sqrt{-x_k}\,\tau - \gamma_{ik}\right) \tag{4·27}$$

これらは,実系統では制動効果によって減衰するから,この場合は安定である (図4·2(a)).ただし,二つ以上の等しい根,すなわち重根を有する場合は,不安定となる.

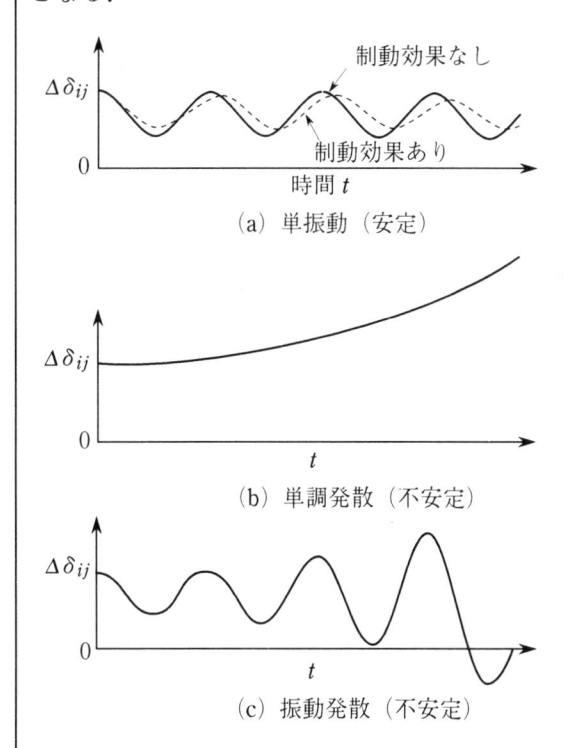

図4·2 発電機間相差角 $\Delta\delta_{ij}$ の変化

(a) 単振動(安定)

(b) 単調発散(不安定)

(c) 振動発散(不安定)

(2) 正根を有する場合(不安定)

$x_k > 0$ となる根を有する場合は,(4·16) 式により,$\varepsilon^{\sqrt{x_k}\,\tau}$ に比例する解を持ち,発電機間の相差角が時間的に単調に増加するから,不安定となる(図4·2(b)).

(3) 複素根を有する場合(不安定)

x_k が複素数の場合,x_k の共役複素数 $\overline{x_k}$ も $f(x) = 0$ の根となる.なぜなら,$f(\bar{x}) = \overline{f(x)} = 0$ だからである.

$\sqrt{x_k} = \alpha_k + j\beta_k$ (α_k, β_k は0でない実数) とおけば,

$$\left.\begin{array}{r}\sqrt{x_k} = \alpha_k + j\beta_k \\ -\sqrt{x_k} = -\alpha_k - j\beta_k \\ \sqrt{\bar{x}_k} = \alpha_k - j\beta_k \\ -\sqrt{\bar{x}_k} = -\alpha_k + j\beta_k \end{array}\right\} \quad (4\cdot28)$$

は，いずれも $f(p^2)=0$ の根となり，x_k に対応する $(4\cdot8)$ 式の解の一つは，次のように表わせる．

$$\begin{aligned}\Delta\delta_{i1k} &= a_{ik}\varepsilon^{(\alpha_k+j\beta_k)\tau} + b_{ik}\varepsilon^{-(\alpha_k+j\beta_k)\tau} + c_{ik}\varepsilon^{(\alpha_k-j\beta_k)\tau} + d_{ik}\varepsilon^{-(\alpha_k-j\beta_k)\tau} \\ &= \varepsilon^{\alpha_k\tau}\{a_{ik}(\cos\beta_k\tau + j\sin\beta_k\tau) + c_{ik}(\cos\beta_k\tau - j\sin\beta_k\tau)\} \\ &\quad + \varepsilon^{-\alpha_k\tau}\{b_{ik}(\cos\beta_k\tau - j\sin\beta_k\tau) + d_{ik}(\cos\beta_k\tau + j\sin\beta_k\tau)\} \\ &= \varepsilon^{\alpha_k\tau}\left(a_{ik}'\cos\beta_k\tau + b_{ik}'\sin\beta_k\tau\right) + \varepsilon^{-\alpha_k\tau}\left(c_{ik}'\cos\beta_k\tau + d_{ik}'\sin\beta_k\tau\right) \\ &= \varepsilon^{\alpha_k\tau}A_{ik}\cos(\beta_k\tau - \gamma_{ik}) - \varepsilon^{-\alpha_k\tau}B_{ik}\cos(\beta_k\tau - \varepsilon_{ik}) \quad (4\cdot29)\end{aligned}$$

ここに，

$$\left.\begin{array}{l}a_{ik}' = a_{ik} + c_{ik} \\ b_{ik}' = j(a_{ik} - c_{ik}) \\ c_{ik}' = b_{ik} + d_{ik} \\ d_{ik}' = -j(b_{ik} - d_{ik})\end{array}\right\} \quad (4\cdot30)$$

$$\left.\begin{array}{l}A_{ik} = \sqrt{a_{ik}'^2 + b_{ik}'^2} \\ B_{ik} = \sqrt{c_{ik}'^2 + d_{ik}'^2} \\ \tan\gamma_{ik} = \dfrac{b_{ik}'}{a_{ik}'} \\ \tan\varepsilon_{ik} = \dfrac{d_{ik}'}{c_{ik}'}\end{array}\right\} \quad (4\cdot31)$$

この場合は，$\alpha_k>0$（または $\alpha_k<0$）のとき，発電機間相差角の振幅が $\varepsilon^{\alpha_k\tau}$（または $\varepsilon^{-\alpha_k\tau}$）に比例して時間的に増加する発散振動となるから，不安定である（図 $4\cdot2$ (c)）．

多機系統の安定条件　以上より多機系統の安定条件は「特定方程式 $f(x)=0$ の根がすべて，相異なる負実根であること」となる．

$4\cdot3$　多機系統の安定判別法

固有値法
同期化係数行列

(1) 固有値法

$(4\cdot6)$ 式の同期化係数行列を，

4·3 多機系統の安定判別法

$$K = \begin{pmatrix} k_{11}, & -k_{12}, & \cdots\cdots, & -k_{1n} \\ -k_{21}, & k_{22}, & \cdots\cdots, & -k_{2n} \\ \cdots\cdots\cdots\cdots \\ -k_{n1}, & -k_{n2}, & \cdots\cdots, & -k_{nn} \end{pmatrix} \qquad (4\cdot32)$$

とおくと，λに関するn次方程式

$$g(\lambda) = |\lambda E - K| = \begin{vmatrix} \lambda - k_{11}, & k_{12}, & \cdots\cdots, & k_{n1} \\ k_{21}, & \lambda - k_{22}, & \cdots\cdots, & k_{2n} \\ \cdots\cdots\cdots \\ k_{n1}, & \cdots\cdots, & \cdots\cdots, & \lambda - k_{nn} \end{vmatrix} = 0 \qquad (4\cdot33)$$

ここにE：n次の単位行列

$$= \begin{bmatrix} 1, & 0, & \cdots\cdots, & 0 \\ 0, & 1, & \cdots\cdots, & 0 \\ \cdots\cdots\cdots \\ 0, & 0, & \cdots\cdots, & 1 \end{bmatrix}$$

固有方程式
固有値
は，Kの固有方程式，その根$\lambda_1, \lambda_2, \cdots, \lambda_n$は$K$の固有値と呼ばれる．(4·33)式のすべての列を加えたものを第1列と置きかえても式の値は変わらないから，(4·6)式の性質により，

$$g(\lambda) = \begin{vmatrix} \lambda, & k_{12}, & \cdots\cdots, & k_{1n} \\ \lambda, & \lambda - k_{22}, & \cdots\cdots, & k_{2n} \\ \cdots\cdots\cdots \\ \lambda, & k_{n2}, & \cdots\cdots, & \lambda - k_{nn} \end{vmatrix}$$

$$= \lambda \begin{vmatrix} 1, & k_{12}, & \cdots\cdots, & k_{1n} \\ 1, & \lambda - k_{22}, & \cdots\cdots, & k_{2n} \\ \cdots\cdots\cdots \\ 1, & k_{n2}, & \cdots\cdots, & \lambda - k_{nn} \end{vmatrix}$$

$$= (-1)^{n-1} \lambda \begin{vmatrix} 1, & -k_{12}, & \cdots\cdots, & -k_{1n} \\ 1, & -\lambda + k_{22}, & \cdots\cdots, & -k_{2n} \\ \cdots\cdots\cdots \\ 1, & -k_{n2}, & \cdots\cdots, & -\lambda + k_{nn} \end{vmatrix} \qquad (4\cdot34)$$

(4·15)，(4·34)式より，

$$g(\lambda) = (-1)^{n-1} \lambda f(-\lambda) = 0 \qquad (4\cdot35)$$

$f(x) = 0$が相異なる負実根を有するとき，$f(-\lambda) = 0$は相異なる正実根を有する．$g(\lambda) = 0$はこの他に1個の零根 $\lambda_1 = 0$ を有する．

したがってn機系統の安定条件は，「同期化力係数行列Kの固有値が，1個の零根の他，相異なる正実数であること」となり，このようにKの固有値を求めて安定判別する方法は**固有値法**と呼ばれる．ただし，機数が多くなると固有値の計算精度に

4 多機系統の定態安定度

留意する必要がある．

クラーク法

(2) クラーク法*1

多機系統内の2台の発電機1, 2を選び，他の発電機の出力は一定として，この2機の同期化力 $K_{11}' = \dfrac{dP_1}{d\delta_1}$, $K_{22}' = \dfrac{dP_2}{d\delta_2}$ がともに正のとき，この2機間では安定とみる．

(4・3)式の K_{11} は，発電機1以外の内部位相角 δ_i を一定としているので偏微分表示としたが，ここでは，発電機1, 2以外の出力 P_i を一定としている（したがって δ_i は変化する）ので全微分表示としている．すべての発電機の組合せについて，この方法で調べて安定なときに，この系統は安定とみなす方法である．簡便法として，最も相差角の開いた2台の発電機間の安定度が最も低いとみなせる場合は，この発電機間の同期化力だけで安定性を判別することもできる．

2機系統の安定条件は，(3・28)式より，

$$\rho = \frac{K_{12}}{M_1} + \frac{K_{21}}{M_2} > 0 \qquad (3\cdot28\text{再})$$

となるが，クラーク法では $K_{12} = K_{11} > 0$ および $K_{21} = K_{22} > 0$ のとき安定とみるので，発電機の慣性定数 M_1, M_2 がどのような値をとっても安定となる．したがって，クラーク法では慣性定数を考慮した安定限界よりも低い限界が得られる．

多機系統についても，$k_{ii} = \dfrac{K_{ii}}{M_i} = \dfrac{1}{M_i}\dfrac{\partial P_1}{\partial \delta_1}$ $(i = 1 \sim n)$ の正負のみで安定判別はできないが，この値によって不安定となりやすい発電機のおよその目安をつけることができる．

ワグナ法

(3) ワグナ法*2

(4・15)式の $f(x) = 0$ が，相異なる $n-1$ 個の負実根を持つことを判別式を用いて判別する方法である．2機系統の判別式は，(3・28)式であるが，機数が増えると判別式が複雑となる．

ρ法

(4) ρ法*3

(4・15)式の特性方程式の根を $x_1, x_2, \cdots, x_{n-1}$ とすると，

$$f(x) = (x - x_1)(x - x_2)\cdots(x - x_{n-1}) \qquad (4\cdot36)$$

この根が相異なる負実数の時は，

$$\rho = f(0) = (-x_1)(-x_2)\cdots(-x_{n-1}) > 0 \qquad (4\cdot37)$$

したがって安定系では $\rho > 0$ となる．ρ法は $\rho > 0$ のとき安定，$\rho < 0$ のとき不安定と判別する方法である．ただし，特性方程式 $f(x) = 0$ が偶数個の正根を持つとき，

---

*1　E.Clarke, R.G.Lorraine ; Power Limit of Synchronous Machines ; AIEE Trans, Vol.53, (1934)

*2　C.F.Wagner, R.D.Evans ; Static Stability Limits and The Intermediate Condenser Station ; AIEE Trans, Vol.47, (1927)

*3　梅津：電力系統における系統安定度に関する研究；電力中央研究所（昭37-11）

または，複素数を持つときは，不安定でも $\rho > 0$ となる[注]．

すなわち，$\rho > 0$ は安定なための必要条件であり，安定系統では $\rho > 0$ で，$\rho < 0$ のときは不安定であるが，逆に $\rho > 0$ のとき必ずしも安定とはいえない．しかし，$\rho > 0$ で安定な状態から，系統条件を少しずつ変えたとき，$\rho > 0$ から $\rho < 0$ に変化したとすれば，$\rho = 0$ の点が安定限界と考えられる．

(5) 直接法

発電機位相角の微少変化など，微少擾乱時の発電機位相角の時間的動揺を $(4\cdot8)$ 式の運動方程式にもとづいて直接数値計算で求める方法である．

(6) 最大相差角法（δ 法）

系統内の特定の発電機内部間（GG間），母線間（BB間）または発電機内部と母線間（GB間）の相差角 δ が安定限界値以内のときに安定と判別する方法で，安定度の概略目安を得るための近似手法である．安定限界相差角は，系統構成，潮流方向などを与えれば，およそ一定の値となるので，この値をあらかじめ (1)～(5) の方法で求めておけば，潮流計算から求まる相差角のみで，安定度の概略判別ができる．

（注）$f(x) = 0$ が複素根 $\dot{x}_1 = x_{11} + j x_{12}$ を持つとき，$f(\dot{x}_1) = \overline{f(\dot{x}_1)} = 0$ であるから，$\overline{\dot{x}_1} = x_{11} - j x_{12}$ も根となる．このとき他のすべての根が負実数でも，

$$f(0) = (-\dot{x}_1)(-\overline{\dot{x}_1})(-x_3)\cdots\cdots(-x_{n-1})$$
$$= (x_{11}^2 + x_{12}^2)(-x_3)\cdots\cdots(-x_{n-1}) > 0$$

となる．

5　系統の等価縮約

5・1　系統縮約の考え方

　安定度計算にあたって，実系統の多数の発電機，送電線，負荷などをそのまま忠実に模擬することは，計算プログラムの能力などの面から，ほとんど不可能に近いので，計算の目的に応じて，複数の発電機や負荷を1台の発電機や負荷に縮約する必要がある．

　安定度計算プログラム面から，計算可能な発電機および負荷などの最大数が決まったとき，原系統のどこの部分をどの程度に詳しく模擬するかについては，集約後の系統における安定度計算結果が，原系統の安定度にできるだけ近づくように，計算目的に応じて，およそ次のような考え方で決められる．

縮約　**(1) 類似性による縮約**

　相互に近接した発電機については，水力，火力，原子力などの機種別，発電機定格出力に対する運転出力比率，定格容量基準のインピーダンス，単位慣性定数（付録・2）などの発電機特性が類似のものは1台にまとめることができる．

　(4・5)式より，n機系統の中の発電機1, 2の運動方程式を，

$$\left.\begin{array}{l} \dfrac{d^2\Delta\delta_1}{d\tau^2}+k_{11}\Delta\delta_1-k_{12}\Delta\delta_2-k_{13}\Delta\delta_3-\cdots\cdots-k_{1n}\Delta\delta_n=0 \\ -k_{21}\Delta\delta_1+\dfrac{d^2\Delta\delta_2}{d\tau^2}+k_{22}\Delta\delta_2-k_{23}\Delta\delta_3-\cdots\cdots-k_{2n}\Delta\delta_n=0 \end{array}\right\} \quad (5\cdot1)$$

$$\left.\begin{array}{l} \dfrac{d^2\Delta\delta_1}{d\tau^2}+k_{12}\Delta\delta_{12}+k_{13}\Delta\delta_{13}+\cdots\cdots+k_{1n}\Delta\delta_{1n}=0 \\ \dfrac{d^2\Delta\delta_2}{d\tau^2}+k_{21}\Delta\delta_{21}+k_{23}\Delta\delta_{23}+\cdots\cdots+k_{2n}\Delta\delta_{2n}=0 \end{array}\right\} \quad (5\cdot2)$$

$$\therefore \quad k_{ii}=\sum_{\substack{j=1 \\ j\neq i}}^{n}k_{ij}$$

とすると，

$$k_{1j}=k_{2j} \quad (j=3, 4, \cdots, n) \quad (5\cdot3)$$

のとき，発電機1, 2の運動方程式はほぼ一致し，擾乱に対する位相角動揺は等しくなるから，等価1機に縮約できる．

$$k_{1j} = \frac{Y_{1j}E_1E_j\cos(\delta_{1j}+\alpha_{1j})}{M_1} \atop k_{2j} = \frac{Y_{2j}E_2E_j\cos(\delta_{2j}+\alpha_{2j})}{M_2} \Bigg\} \tag{5・4}$$

$\left(\alpha_{ij} = \frac{\pi}{2} - \theta_{ij}\right)$ であるから，(5・3)式の条件は次のように書き換えられる．

$$\frac{Y_{1j}\angle\theta_{1j}}{M_1} = \frac{Y_{2j}\angle\theta_{2j}}{M_2} \atop E_1\angle\delta_1 = E_2\angle\delta_2 \Bigg\} \tag{5・5}$$

発電機1，2が同一母線Bに接続されているとき，その定格容量をW_{1n}，W_{2n}〔MVA〕，単位慣性定数をM_{01}，M_{02}〔MW・s / MVA〕，W_{1n}，W_{2n}基準の定態リアクタンスをx_1，x_2〔PU〕とすれば，1MVA基準単位法では，慣性定数と発電機内部端子と母線間の伝達アドミタンスは，

$$M_1 = M_{01}W_{1n} \atop M_2 = M_{02}W_{2n} \Bigg\} \tag{5・6}$$

$$Y_{1B} = \frac{1}{(x_1/W_{1n})} = \frac{W_{1n}}{x_1} \atop Y_{2B} = \frac{W_{2n}}{x_2} \Bigg\} \tag{5・7}$$

$$\frac{Y_{1B}}{M_1} = \frac{1}{M_{01}x_1} \atop \frac{Y_{2B}}{M_2} = \frac{1}{M_{02}x_2} \Bigg\} \tag{5・8}$$

$\theta_{1B} = \theta_{2B} = \frac{\pi}{2}$ となるから同一母線に接続された2台の発電機が次の2条件を満足

等価1機 するとき等価1機に縮約できる．

(1) 単位慣性定数と定格容量基準リアクタンスが等しい（$M_{01} = M_{02}$，$x_1 = x_2$）．

(2) 発電機の定格容量に対する運転出力P_1，P_2の比率および運転力率が等しい（$\frac{P_1}{W_{1n}} = \frac{P_2}{W_{2n}}$ かつ $\frac{Q_1}{P_1} = \frac{Q_2}{P_2}$，このとき $E_1\angle\delta_1 = E_2\angle\delta_2$）．

これらの条件が近似的に成立てば動揺は類似となる．

電気的距離 **(2) 電気的距離による縮約**

擾乱発生点からの電気的距離（インピーダンス）が遠い地点にある相互に近接した発電機はとりまとめることができる．ある発電機の脱落や送電線遮断などの擾乱発生時の安定度を解析する場合，その付近の系統は詳しく模擬する必要があるが，遠隔地点や下位電圧系統など，電気的に離れた発電機はその特性がかなり異なっても動揺は類似となり1台にまとめることができる．

たとえば，図5・1(a)のようにリアクタンスX_3を通して母線B（端子番号③）に

5 系統の等価縮約

同期化力 接続された2台の発電機G_1, G_2について同期化力は次のようになる.

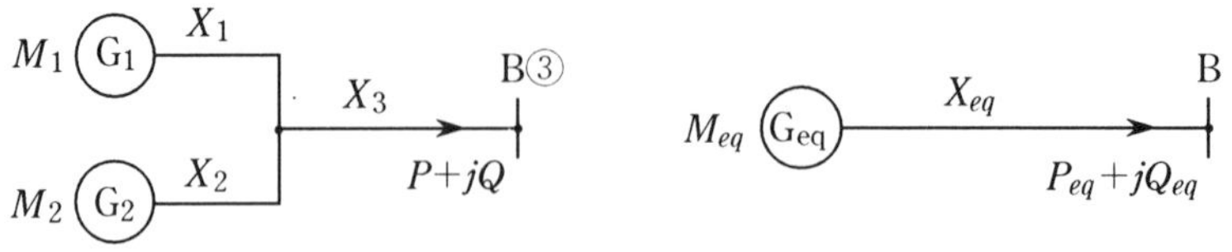

```
   M₁ (G₁)  X₁
              \
               \  X₃    B③              Meq (Geq)    Xeq         B
                >------|→                    ─────────|→
               /       P+jQ                           Peq+jQeq
              /
   M₂ (G₂)  X₂
```

(a) 原系統　　　　　　　　　　(b) 縮約系統

図5・1　2台の発電機の縮約

$$\left. \begin{aligned} \dot{Y}_{13} &= -\frac{\dfrac{jX_2}{jX_2+jX_3}}{jX_1+\dfrac{(jX_2)(jX_3)}{jX_2+jX_3}} = \frac{jX_2}{\Delta} \\ \dot{Y}_{23} &= \frac{jX_1}{\Delta} \end{aligned} \right\} \tag{5・9}$$

ここに, $\Delta = X_1 X_2 + X_2 X_3 + X_3 X_1$

$$\left. \begin{aligned} k_{13} &= \frac{K_{13}}{M_1} = \frac{Y_{13} E_1 E_3 \cos(\delta_{13}+\alpha_{13})}{M_1} \\ &= \frac{X_2 E_1 E_3 \cos\delta_{13}}{M_1 \Delta} \\ k_{23} &= \frac{X_1 E_2 E_3 \cos\delta_{23}}{M_2 \Delta} \end{aligned} \right\} \tag{5・10}$$

$$k_{13} - k_{23} = \frac{X_1 X_2 E_3}{\Delta} \left(\frac{E_1 \cos\delta_{13}}{X_1 M_1} - \frac{E_2 \cos\delta_{23}}{X_2 M_2} \right) \tag{5・11}$$

ここで, $X_1 = \dfrac{x_1}{W_{1n}}$ 〔PU on 1 MVA Base〕

$M_1 = M_{01} W_{1n}$

∴ $X_1 M_1 = x_1 M_{01}$, $X_G = \dfrac{X_1 X_2}{X_1 + X_2}$ とすると,

$$k_{13} - k_{23} = \frac{X_G E_3}{X_G + X_3} \left(\frac{E_1 \cos\delta_{13}}{x_1 M_{01}} - \frac{E_2 \cos\delta_{23}}{x_2 M_{02}} \right) \tag{5・12}$$

したがって, X_Gに比べてX_3が大きくなると, G_1, G_2の特性差があって上式（ ）内の値が0でなくても, $k_{13} \fallingdotseq k_{23}$となり, G_1, G_2の位相角動揺は類似となる. これは, X_3の増加に伴って, G_1-B, G_2-B間の同期化力は減少するが, G_1-G_2間の同期化力はあまり変化しないためと考えられる.

したがって, ある母線からみた多機系統を数台の等価発電機群に集約する場合には, その母線に対する同期化力k_{iB}の値の類似した発電機はそれぞれ1群にとりまとめることができる. 擾乱発生点の近くで, 特性差の大きい発電機は縮約せずに個別に模擬する必要がある.

5·2 1点からみた系統縮約法

並列インピーダンス法
短絡容量

(1) 並列インピーダンス法（短絡容量法）
　縮約点からみた縮約系統の発電機並列インピーダンス，すなわち短絡容量を等価に縮約する方法である．

等価発電機

(a) 発電機群の縮約法　近接した類似特性の発電機は次のような並列リアクタンス X_{eq}, 慣性定数 M_{eq}, 出力 $P_{eq} + jQ_{eq}$ の等価発電機に縮約できる．

　X_{eq}：縮約点からみた発電機の並列合成リアクタンス
　M_{eq}：各発電機の慣性定数の和 $= \sum_i M_i$
　$P_{eq} + jQ_{eq}$：原系統の縮約点潮流

〔問題　4〕図5·1(a)の2台の発電機を等価1機に縮約せよ．
〔解答〕

$$X_{eq} = \frac{X_1 X_2}{X_1 + X_2} + X_3$$
$$M_{eq} = M_1 + M_2$$
$$P_{eq} + jQ_{eq} = P + jQ$$

(b) 発電機および負荷の縮約法　原系統で，負荷と送電線静電容量を除き発電機，送電線，変圧器など直列インピーダンスのみの回路について，縮約点からみた並列合成インピーダンス $\dot{Z}_s$（またはリアクタンス X_s）を求める．縮約系統においてもこの値は原系統と等価に維持されるものとする．

縮約系統

　負荷取付点は次のような方法で求められる．

負荷取付点
等価発電端取付
等価発電機リアクタンス

(i) 等価発電端取付　原系統で各発電機リアクタンス（変圧器を含む）X_i のみの並列値を等価発電機リアクタンス X_{Geq} とし，この発電端に合計負荷を取付ける方法である（図5·2）．

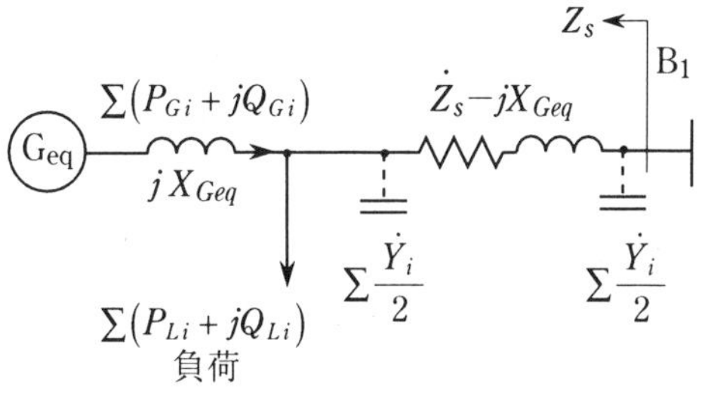

図5·2　並列インピーダンス法による縮約

$$\frac{1}{X_{Geq}} = \sum_i \frac{1}{X_i} \tag{5·13}$$

送電線静電容量を無視できないときは，等価線路インピーダンスの両端に半分ず

5 系統の等価縮約

つ置く．発電機出力および慣性定数は原系統の各発電機の合計値とする．負荷が比較的発電機の近くにある場合に適用できるが，縮約点の潮流が原系統と多少異なる（縮約点潮流が原系統と一致するように，縮約系統の等価負荷を調整することもある）．

負荷変化分等価点取付

(ii) **負荷変化分等価点取付** (1)(i)と同様，縮約点からみた直列インピーダンスの合成値が等価となるとともに，(2)縮約点における電圧変化時の縮約系統内の負荷変化が原系統と等価になる点に負荷を取付ける方法である．その他は，(i)と同様とする．

(iii) **2負荷法*** (ii)(1)(2)の条件の他に，(3)縮約系統内の電力損失が原系統と等価になるように，縮約系統内の2箇所に負荷を分けて取付ける方法である（**図5・3**）．

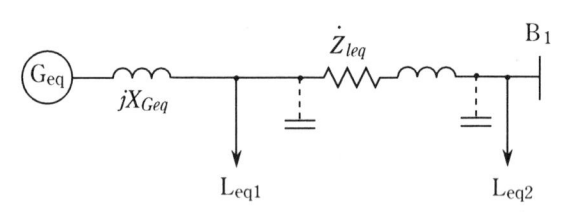

図5・3 2負荷法による縮約

〔問題 5〕図5・4の系統を並列インピーダンス法（等価発電端負荷取付）で縮約せよ．

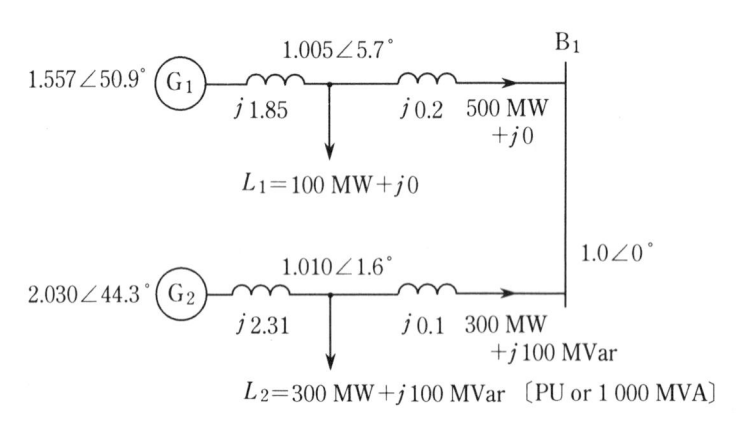

図5・4 2機2負荷系統例

〔解答〕縮約点からみた並列合成リアクタンス X_s は

$$X_s = \frac{2.05 \times 2.41}{2.05 + 2.41} = 1.108$$

等価電源リアクタンスは，

$$X_{Geq} = \frac{1.85 \times 2.31}{1.85 + 2.31} = 1.028$$

等価線路リアクタンスは，

$$X_l = X_s - X_{Geq} = 1.108 - 1.028 = 0.080$$

したがって縮約系統は**図5・5**となる．

※井上：電力系統モデルの縮少に関する一考察；電気学会, 情報処理研究会, 1p 75-23（昭和50）

5·2 1点からみた系統縮約法

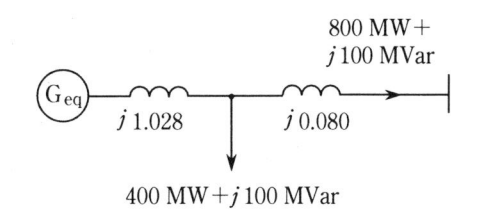

```
                                    800 MW+
                                    j100 MVar
    (G_eq)—⁀⁀⁀⁀—•—⁀⁀⁀⁀—→|
           j1.028 │  j0.080
                  ↓
            400 MW+j100 MVar
```

図5·5 並列インピーダンス法による縮約例

(2) 並列アドミタンス法

図5·6のように類似特性のn台の発電機と負荷を含む系統を，B_1母線からみて等価1機に縮約する場合を考える．発電機の内部電圧はほぼ等しいとみなせるので，内部電圧端子G_1, G_2…, G_nをまとめてGとすれば，B_1, G端子の電圧・電流の間には次の関係がある．

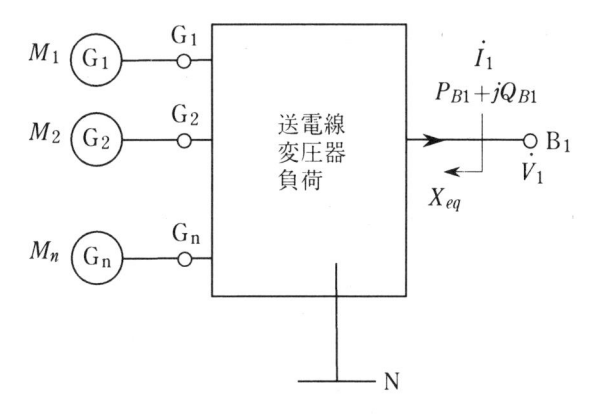

図5·6 1点からみた系統縮約（原系統）

$$\begin{pmatrix} -\dot{I}_1 \\ \dot{I}_2 \end{pmatrix} = \begin{pmatrix} \dot{Y}_{11} & \dot{Y}_{12} \\ \dot{Y}_{21} & \dot{Y}_{22} \end{pmatrix} \begin{pmatrix} \dot{V}_1 \\ \dot{E} \end{pmatrix} \tag{5·14}$$

$\dot{Y}_{11}$, $\dot{Y}_{22}$, $\dot{Y}_{12}$, $\dot{Y}_{21}$はB_1, G端子の自己および伝達アドミタンス，電流は図5·7(a)の向きにとる．これは

$$\left.\begin{array}{l} -\dot{I}_1 = (\dot{Y}_{11}+\dot{Y}_{12})\dot{V}_1 - \dot{Y}_{12}(\dot{V}_1-\dot{E}) \\ \dot{I}_2 = (\dot{Y}_{22}+\dot{Y}_{12})\dot{E} - \dot{Y}_{12}(\dot{E}-\dot{V}_1) \end{array}\right\} \tag{5·15}$$

と変形できるから，図5·7(a)の等価回路で表わせる．さらに，擾乱時に等価発電機内部電圧$\dot{E}$は一定，したがって$(\dot{Y}_{22}+\dot{Y}_{12})$の消費電力，無効電力は一定だからこれを無視しても発電機動揺には変わりないから，結局同図(b)の等価回路で表わせる．$\dot{Y}_{11}$, $\dot{Y}_{12}$は負荷を定インピーダンスで表わせば，原系統条件によって定まる．$\dot{E}$は縮約点の潮流が原系統の$P_{B1}+jQ_{B1}$と一致するよう，次のように定められる．図5·7(b)で

5 系統の等価縮約

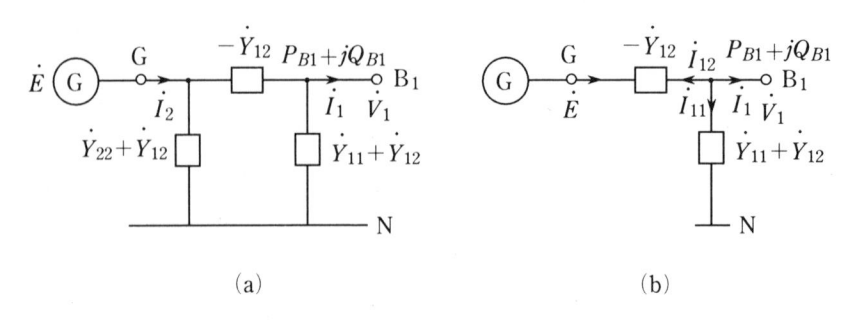

(a) (b)

図5・7 並列アドミタンス法による縮約

$$\left.\begin{array}{l}\dot{I}_{11}=(\dot{Y}_{11}+\dot{Y}_{12})\dot{V}_1\\ \dot{I}_{12}=-\dot{Y}_{12}(\dot{V}_1-\dot{E})\\ \dot{I}_1=-\dot{I}_{11}-\dot{I}_{12}\\ P_{B1}+jQ_{B1}=\dot{V}\overline{\dot{I}}_1\end{array}\right\} \quad (5\cdot 16)$$

これより,

$$\dot{E}=\frac{1}{\dot{Y}_{12}}(\dot{Y}_{12}\dot{V}_1+\dot{I}_{12})=\frac{1}{\dot{Y}_{12}}\{(\dot{I}_{11}-\dot{Y}_{11}\dot{V}_1)-(\dot{I}_{11}+\dot{I}_1)\}$$

$$=-\frac{1}{\dot{Y}_{12}}(\dot{Y}_{11}\dot{V}_1+\dot{I}_1)=-\frac{1}{\dot{Y}_{12}}\left(\dot{Y}_{11}\dot{V}_1+\frac{P_{B1}-jQ_{B1}}{\overline{\dot{V}}_1}\right) \quad (5\cdot 17)$$

等価発電機慣性定数は,$M_{eq}=\sum_i M_i$ とする.

〔問題 6〕図5・4の2機2負荷系統を並列アドミタンス法によりB$_1$母線からみて,等価1機1負荷系統に縮約せよ.

〔解答〕 負荷L$_1$, L$_2$のアドミタンスは1 000MVA基準単位法で,

$$\dot{Y}_{L1}=\frac{0.1}{1.005^2}=0.099$$

$$\dot{Y}_{L2}=\frac{0.3-j0.1}{1.010^2}=0.294-j0.098$$

B$_1$母線からみた駆動点アドミタンス$\dot{Y}_{11}$は,

$$\dot{Y}_{11}=0.345-j1.000$$

伝達アドミタンスは,

$$\dot{Y}_{12}=0.020+j0.898$$

$$\dot{Z}_{12}=\frac{1}{(-\dot{Y}_{12})}=-0.025+j1.113$$

$$\dot{Y}_1=\dot{Y}_{11}+\dot{Y}_{12}=0.365-j0.102$$

等価発電機内部電圧は(5・17)式より

$$\dot{E}=-\frac{1}{\dot{Y}_{12}}\left(\dot{Y}_{11}\dot{V}_1+\frac{P_{B1}-jQ_{B1}}{\overline{\dot{V}}_1}\right)$$

$$= -\frac{1}{(0.020 + j0.898)}\left\{(0.345 - j1.000) \times 1.0 + \frac{0.8 - j0.1}{1.0}\right\}$$

$$= 1.768 \angle 46.3°$$

等価系統は図 5·8 となる.

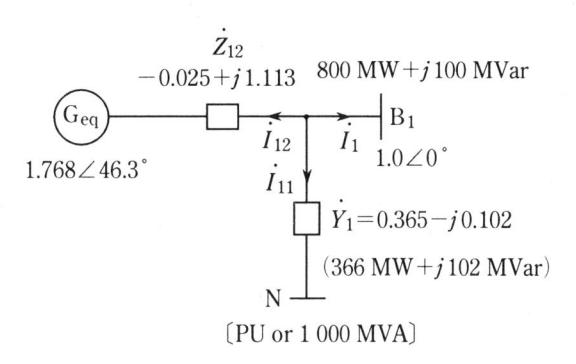

図 5·8 並列アドミタンス法による縮約例

5·3 2点からみた系統縮約法

図 5·9 のように, B_1, B_2 母線からみた類似特性の発電機, 負荷系統を縮約する場合を考える. B_1, B_2 母線を添字1, 2で表わし, 各発電機内部電圧端子を結んだ等価発電機内部電圧端子を添字3で表わせば, 各端子電圧・電流の間には次の関係がある.

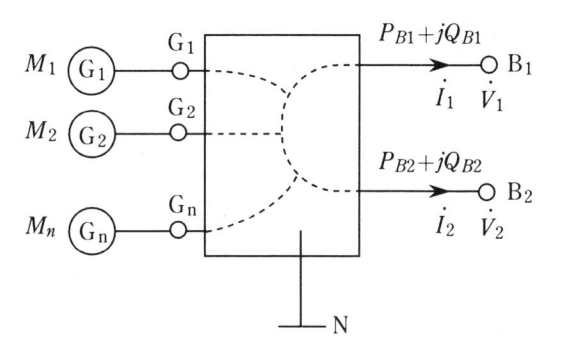

図 5·9 2点からみた系統縮約 (原系統)

$$\left.\begin{array}{l}-\dot{I}_1 = \dot{Y}_{11}\dot{V}_1 + \dot{Y}_{12}\dot{V}_2 + \dot{Y}_{13}\dot{E} \\ -\dot{I}_2 = \dot{Y}_{21}\dot{V}_1 + \dot{Y}_{22}\dot{V}_2 + \dot{Y}_{23}\dot{E} \\ \dot{I}_3 = \dot{Y}_{31}\dot{V}_1 + \dot{Y}_{32}\dot{V}_2 + \dot{Y}_{33}\dot{E}\end{array}\right\} \quad (5 \cdot 18)$$

$\dot{Y}_{11}$, $\dot{Y}_{22}$, $\dot{Y}_{33}$ は各端子の駆動点アドミタンス, $\dot{Y}_{12}$, $\dot{Y}_{13}$, … は伝達アドミタンスである. $\dot{Y}_{12} = \dot{Y}_{21}$, … であるから上式は次のように変形できる.

$$\left.\begin{array}{l}-\dot{I}_1 = (\dot{Y}_{11} + \dot{Y}_{12} + \dot{Y}_{13})\dot{V}_1 - \dot{Y}_{12}(\dot{V}_1 - \dot{V}_2) - \dot{Y}_{13}(\dot{V}_1 - \dot{E}) \\ -\dot{I}_2 = -\dot{Y}_{12}(\dot{V}_2 - \dot{V}_1) + (\dot{Y}_{21} + \dot{Y}_{22} + \dot{Y}_{23})\dot{V}_2 - \dot{Y}_{23}(\dot{V}_2 - \dot{E})\end{array}\right\} \quad (5 \cdot 19)$$

$$\dot{I}_3 = -\dot{Y}_{13}(\dot{E}-\dot{V}_1) - \dot{Y}_{23}(\dot{E}-\dot{V}_2) + (\dot{Y}_{31}+\dot{Y}_{32}+\dot{Y}_{33})\dot{E}$$

したがって図5・10の等価回路で表わせる．さらに等価発電機内部電圧端子3につながる $(\dot{Y}_{31}+\dot{Y}_{32}+\dot{Y}_{33})$ ブランチの電流は動揺中一定であるからこれは無視できる．

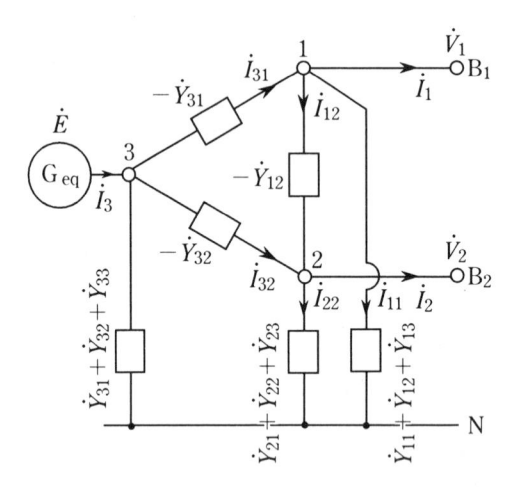

図5・10 並列アドミタンス法による1機縮約

縮約点B_1，B_2の合計潮流のみが原系統と一致すればよいときは，その条件を満たすように等価発電機内部電圧$\dot{E}$を決定すれば，図5・10の等価1機系に縮約できる．この場合はB_1，B_2おのおのの潮流は原系統と異なる．

各縮約点潮流を原系統と一致させる必要があるときは，図5・11のように，2台の発電機G_{eq1}，G_{eq2}に縮約すればよい．これらの内部電圧$\dot{E}_{eq1}$，$\dot{E}_{eq2}$は，縮約点潮流$P_{B1}+jQ_{B1}$，$P_{B2}+jQ_{B2}$が原系統と一致するように，次のように求められる．

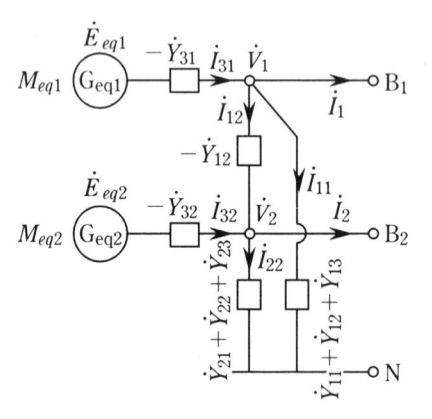

図5・11 並列アドミタンス法による2機縮約

縮約点1において，

$$\left.\begin{aligned}\dot{I}_{11} &= (\dot{Y}_{11}+\dot{Y}_{12}+\dot{Y}_{13})\dot{V}_1 \\ \dot{I}_{12} &= -\dot{Y}_{12}(\dot{V}_1-\dot{V}_2) \\ \dot{I}_{31} &= -\dot{Y}_{13}(\dot{E}_{eq1}-\dot{V}_1) = \dot{I}_1 + \dot{I}_{11} + \dot{I}_{12} \\ \dot{P}_{B1}+jQ_{B1} &= \dot{V}_1 \bar{\dot{I}}_1 \end{aligned}\right\} \quad (5\cdot20)$$

これより

$$\dot{E}_{eq1} = -\frac{1}{\dot{Y}_{13}}\left(\dot{Y}_{11}\dot{V}_1 + \dot{Y}_{12}\dot{V}_2 + \frac{P_{B1} - jQ_{B1}}{\bar{\dot{V}}_1}\right) \qquad (5\cdot 21)$$

同様にして

$$\dot{E}_{eq2} = -\frac{1}{\dot{Y}_{23}}\left(\dot{Y}_{22}\dot{V}_2 + \dot{Y}_{12}\dot{V}_1 + \frac{P_{B2} - jQ_{B2}}{\bar{\dot{V}}_2}\right) \qquad (5\cdot 22)$$

縮約発電機の慣性定数　縮約発電機の慣性定数は，原系統の各発電機の単位慣性定数と定格容量基準のインピーダンスがほぼ等しければ，原系統の合計慣性定数を G_{eq1}, G_{eq2} のアドミタンス Y_{13}, Y_{23} に比例配分して次のように求められる．

$$\left.\begin{array}{l} M_{eq1} = \dfrac{Y_{13}\sum_{i} M_i}{Y_{13} + Y_{23}} \\[2mm] M_{eq2} = \dfrac{Y_{23}\sum_{i} M_i}{Y_{13} + Y_{23}} \end{array}\right\} \qquad (5\cdot 23)$$

特に図 5·12 のように，リアクタンス X_1, X_2 の発電機 G_1, G_2 がリアクタンス X_{12} を通して連系されているときは，デルタ・スター変換により図 5·13 となる．

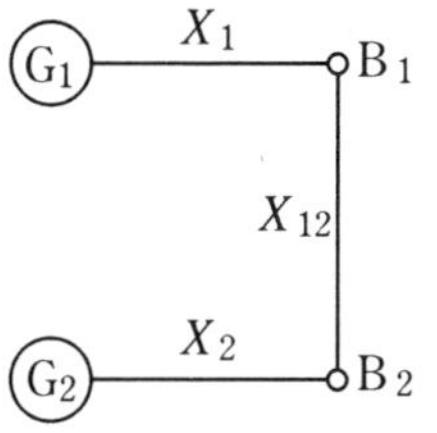

図 5·12　原系統 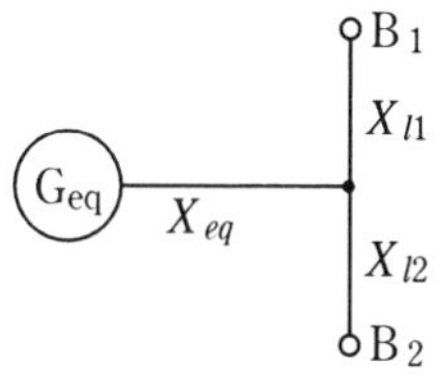　　　　図 5·13　縮約系統

$$\left.\begin{array}{l} X_{l1} = \dfrac{X_1 X_{12}}{X_1 + X_2 + X_{12}} \\[2mm] X_{l2} = \dfrac{X_2 X_{12}}{X_1 + X_2 + X_{12}} \\[2mm] X_{eq} = \dfrac{X_1 X_{12}}{X_1 + X_2 + X_{12}} \end{array}\right\} \qquad (5\cdot 24)$$

さらに，$X_{12} \ll X_1$, X_2 のときは

$$\left.\begin{array}{l} X_{l1} = \dfrac{X_1 X_{12}}{X_1 + X_2} \\[2mm] X_{l2} = \dfrac{X_2 X_{12}}{X_1 + X_2} \\[2mm] X_{eq} = \dfrac{X_1 X_2}{X_1 + X_2} \end{array}\right\} \qquad (5\cdot 25)$$

となり，X_1, X_2 の並列リアクタンスを，X_{12} を $X_1 : X_2$ に分割した点に接続したものとなる．

付録·1 突極機の安定限界式

(1) 突極機の安定限界式の誘導

$(2\cdot51)$ 式に $(2\cdot52)$ 式および $\cos 2\delta' = 1 - 2\sin^2\delta'$ を代入して

$$Q' = -\frac{V_b^2}{X_{de}} - \frac{(X_{de}-X_{qe})}{X_{de}X_{qe}}V_b^2\cos 2\delta' - \frac{(X_{de}-X_{qe})(1-\cos 2\delta')V_b^2}{2X_{de}X_{qe}}$$

$$= -\frac{V_b^2}{X_{de}} - \left(\frac{1}{X_{qe}} - \frac{1}{X_{de}}\right)(1-\sin^2\delta')V_b^2$$

$$= -\frac{V_b^2}{X_{qe}} + \left(\frac{1}{X_{qe}} - \frac{1}{X_{de}}\right)V_b^2\sin^2\delta' \tag{付 $1\cdot1$}$$

$(2\cdot49)$ 式より

$$V_b^2 = \left(\frac{X_e P}{V}\right)^2 + \left(\frac{X_e Q}{V} - V\right)^2 \tag{付 $1\cdot2$}$$

また，図 $2\cdot20$ のベクトル図において，E_q, V 間の相差角は $\delta'-\beta$，リアクタンスは X_q だから

$$\left.\begin{array}{l} P = \dfrac{E_q V}{X_q}\sin(\delta'-\beta) \\[2mm] Q = \dfrac{E_q V\cos(\delta'-\beta) - V^2}{X_q} \end{array}\right\} \tag{付 $1\cdot3$}$$

$$\therefore \quad E_q^2 = \left(\frac{X_q P}{V}\right)^2 + \left(\frac{X_q Q}{V} + V\right)^2 \tag{付 $1\cdot4$}$$

一方，電力 P は次のようにも表わせる．

$$P = \mathrm{Re}\left(\dot{E}_q \bar{I}\right) = E_q I_q \tag{付 $1\cdot5$}$$

図 $2\cdot20$ のベクトル図より

$$V_b\sin\delta' = X_{qe} I_q = \frac{X_{qe} P}{E_q} \tag{付 $1\cdot6$}$$

(付 $1\cdot4$), (付 $1\cdot6$) 式より

$$V_b^2\sin^2\delta' = \frac{X_{qe}^2 P^2}{E_q^2}$$

$$= \frac{X_{qe}^2 P^2}{\left(\dfrac{X_q P}{V}\right)^2 + \left(\dfrac{X_q Q}{V} + V\right)^2} \tag{付 $1\cdot7$}$$

図 $2\cdot19$ の系統で，Q と Q' の間には，次の関係がある．

付録・1 突極機の安定限界式

$$Q = Q' + X_e I^2$$
$$= Q' + \frac{X_e(P^2 + Q^2)}{V^2} \tag{付1・8}$$

(付1・8)式に(付1・1),(付1・2),(付1・7)式を代入して

$$Q = -\frac{1}{X_{qe}}\left\{\left(\frac{X_e P}{V}\right)^2 + \left(\frac{X_e Q}{V} - V\right)^2\right\} + \frac{\left(\frac{1}{X_{qe}} - \frac{1}{X_{de}}\right)X_{qe}^2 P^2}{\left(\frac{X_q P}{V}\right)^2 + \left(\frac{X_q Q}{V} + V\right)^2}$$
$$+ \frac{X_e(P^2 + Q^2)}{V^2} \tag{付1・9}$$

これは次のように変形できる.

$$\left(\frac{X_e^2}{X_{qe}} - X_e\right)\left(\frac{P}{V}\right)^2 + \left(\frac{X_e^2}{X_{qe}} - X_e\right)\left(\frac{Q}{V}\right)^2 + \left(1 - \frac{2X_e}{X_{qe}}\right)Q + \frac{V^2}{X_{qe}}$$
$$= \frac{(X_d - X_q)X_{qe}V^2}{X_{de}X_q^2} \cdot \frac{P^2}{P^2 + \left(Q + \frac{V^2}{X_q}\right)^2} \tag{付1・10}$$

$$\frac{X_e^2}{X_{qe}} - X_e = \frac{X_e^2 - X_e(X_q + X_e)}{X_{qe}} = -\frac{X_e X_q}{X_{qe}} \tag{付1・11}$$

だから (付1・10)式を $-\dfrac{X_{qe}V^2}{X_e X_q}$ 倍して

$$P^2 + Q^2 + \left(\frac{2X_e}{X_{qe}} - 1\right)\frac{X_{qe}V^2 Q}{X_e X_q} - \frac{V^4}{X_e X_q}$$
$$= -\frac{(X_d - X_q)X_{qe}^2 V^4}{X_{de} X_e X_q^3} \cdot \frac{P^2}{P^2 + \left(Q + \frac{V^2}{X_q}\right)^2} \tag{付1・12}$$

この式の左辺は

$$P^2 + Q^2 - \frac{(X_q - X_e)V^2 Q}{X_e X_q} - \frac{V^4}{X_e X_q}$$
$$= P^2 + \left\{Q - \frac{(X_q - X_e)V^2}{2X_e X_q}\right\}^2 - \frac{(X_q - X_e)^2 V^4}{4X_e^2 X_q^2} - \frac{V^4}{X_e X_q}$$
$$= P^2 + \left\{Q - \frac{(X_q - X_e)V^2}{2X_e X_q}\right\}^2 - \frac{(X_q + X_e)^2 V^4}{4X_e^2 X_q^2} \tag{付1・13}$$

突極機の安定限界

(付1・12)(付1・13)式より突極機の安定限界は次のように求められる.

$$P^2 + \left\{Q - \frac{V^2}{2}\left(\frac{1}{X_e} - \frac{1}{X_q}\right)\right\}^2$$
$$+ \frac{(X_d - X_q)(X_q + X_e)^2 V^4}{(X_d + X_e)X_q^3 X_e} \cdot \frac{P^2}{P^2 + \left(Q + \frac{V^2}{X_q}\right)^2}$$

付録・1　突極機の安定限界式

$$= \left\{\frac{V^2}{2}\left(\frac{1}{X_e}+\frac{1}{X_q}\right)\right\}^2 \quad\text{(付 }1\cdot14\text{)}$$

(2) 円筒機との比較

次に突極機の安定限界は図 2・21 のように同期リアクタンス X_q の円筒機と X_d の円筒機の安定限界の間にあることを示す．

(付 $1\cdot14$) 式で $(X_d-X_q)>0$ より，左辺第 3 項 $\geqq 0$（等号は $P=0$ のとき）だから

$$P^2+\left\{Q-\frac{V^2}{2}\left(\frac{1}{X_e}-\frac{1}{X_q}\right)\right\}^2 \leqq \left\{\frac{V^2}{2}\left(\frac{1}{X_e}-\frac{1}{X_q}\right)\right\}^2 \quad\text{(付 }1\cdot15\text{)}$$

円筒機の
安定範囲

これは同期リアクタンス X_q の円筒機の安定範囲に等しい．したがって，突極機の安定限界は常に同期リアクタンス X_q の円筒機の安定範囲にあり，$P=0$ のときのみこれと一致することになる．

次に図 2・20 のベクトル図より

$$\begin{aligned}V_b{}^2\sin\delta' &= V_b(X_{qe}I_q)\\ &= V_bX_{qe}I\cos(\delta'+\theta')\\ &= V_bX_{qe}I(\cos\delta'\ \cos\theta'-\sin\delta'\ \sin\theta')\\ &= X_{qe}(P\cos\delta'-Q'\sin\delta')\end{aligned}$$

$$(\because\ P=V_bI\cos\theta',\quad Q'=V_bI\sin\theta') \quad\text{(付 }1\cdot16\text{)}$$

両辺を $\sin\delta'$ で割って

$$V_b{}^2 = X_{qe}P\cot\delta'-X_{qe}Q' \quad\text{(付 }1\cdot17\text{)}$$

$$\therefore\ \cot\delta' = \frac{X_{qe}Q'+V_b{}^2}{X_{qe}P} \quad\text{(付 }1\cdot18\text{)}$$

$$\sin^2\delta' = \frac{1}{\cot^2\delta'+1} = \frac{1}{\left(\dfrac{X_{qe}Q'+V_b{}^2}{X_{qe}P}\right)^2+1}$$

$$= \frac{P^2}{\left(Q'+\dfrac{V_b{}^2}{X_{qe}}\right)^2+P^2} \quad\text{(付 }1\cdot19\text{)}$$

これを (付 $1\cdot1$) 式に代入して

$$Q'+\frac{V_b{}^2}{X_{qe}} = \frac{\left(\dfrac{1}{X_{qe}}-\dfrac{1}{X_{de}}\right)V_b{}^2P^2}{\left(Q'+\dfrac{V_b{}^2}{X_{qe}}\right)^2+P^2} \quad\text{(付 }1\cdot20\text{)}$$

$$\left(Q'+\frac{V_b{}^2}{X_{qe}}\right)^3+\left(Q'+\frac{V_b{}^2}{X_{qe}}\right)P^2+\left(\frac{1}{X_{de}}-\frac{1}{X_{qe}}\right)V_b{}^2P^2 = 0 \quad\text{(付 }1\cdot21\text{)}$$

付録・1　突極機の安定限界式

$$\therefore \left(Q' + \frac{V_b^2}{X_{qe}}\right)^3 + \left(Q' + \frac{V_b^2}{X_{de}}\right)P^2 = 0 \qquad (付 1\cdot 22)$$

電圧 V_b の無限大母線に接続された同期リアクタンス X_{qe} の円筒機の安定範囲は $(2\cdot 41)$ 式より

$$Q' + \frac{V_b^2}{X_{qe}} > 0 \qquad (付 1\cdot 23)$$

前述のとおり，突極機の安定限界では $(付 1\cdot 23)$ 式が成立つから，$(付 1\cdot 22)$，$(付 1\cdot 23)$ 式より

$$Q' + \frac{V_b^2}{X_{de}} < 0 \qquad (付 1\cdot 24)$$

これは，同期リアクタンス X_{de} の円筒機の不安定領域を表わす．したがって突極機の安定限界は X_{de} 円筒機の不安定領域にある．

以上により突極機の安定限界は，同期リアクタンス X_d の円筒機と X_q の円筒機の安定限界の間にあることが示された．

付録・2　発電機の慣性定数と運動方程式

慣性定数

(1) 慣性定数

付図2・1のように長さ l 〔m〕の発電機回転子の中心から半径 r 〔m〕，微少厚さ dr 〔m〕の中空円筒の質量を dG 〔kg〕とする．dG は円周にそって均一分布でなくてもよい．この円筒が微少時間 dt の間に $d\delta_M$ 〔rad〕だけ回転するとき角速度 ω_M，速度 v_M は

$$\left.\begin{array}{l}\omega_M = \dfrac{d\delta_M}{dt} \text{〔rad/s〕} \\ v_M = r\omega_M = r\dfrac{d\delta_M}{dt} \text{〔m/s〕}\end{array}\right\} \quad (付2\cdot1)$$

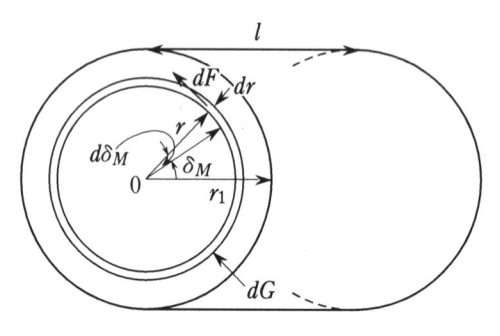

付図2・1　回転子の慣性能率

角加速度 α_M，加速度 a_M は

$$\left.\begin{array}{l}\alpha_M = \dfrac{d\omega_M}{dt} = \dfrac{d^2\delta_M}{dt^2} \quad \text{〔rad/s}^2\text{〕} \\ a_M = \dfrac{dv_M}{dt} = r\dfrac{d^2\delta_M}{dt^2} \quad \text{〔m/s}^2\text{〕}\end{array}\right\} \quad (付2\cdot2)$$

ニュートンの運動方程式

この円筒の接線方向に力 dF を加えたときニュートンの運動方程式により

$$dF = a_M dG = r\dfrac{d^2\delta_M}{dt^2} dG \quad \text{〔N(Newton)〕} \quad (付2\cdot3)$$

このときの加速トルク dT_a は

$$dT_a = rdF = (r^2 dG)\dfrac{d^2\delta_M}{dt^2} \quad \text{〔Nm〕} \quad (付2\cdot4)$$

発電機の回転部分の最大半径を r_1 とし，dT_a を $0 \sim r_1$ の間について合計すれば，δ_M はすべての部分で等しいから

$$T_a = I\dfrac{d^2\delta_M}{dt^2} = I\dfrac{d\omega_M}{dt} \quad \text{〔Nm〕} \quad (付2\cdot5)$$

ここに，$T_a = \displaystyle\int_0^{r_1} dT_a$ ：加速トルク〔Nm〕　　　　　　　　　　　　　　　$(付2\cdot6)$

$I = \displaystyle\int_0^{r_1} r^2 dG$ ：慣性能率〔kg・m^2〕　　　　　　　　　　　　$(付2\cdot7)$

付録・2　発電機の慣性定数と運動方程式

回転子の全質量を $G = \int_0^{r_1} dG$ 〔kg〕とすると

$$R \equiv \sqrt{\frac{I}{G}} = \sqrt{\frac{\int_0^{r_1} r^2 dG}{\int_0^{r_1} dG}} \quad \text{〔m〕} \tag{付2·8}$$

$$D \equiv 2R \quad \text{〔m〕} \tag{付2·9}$$

回転半径
回転直径 として求められる R を回転半径, D を回転直径と呼ぶ. すなわち

$$I = GR^2 = \frac{GD^2}{4} \quad \text{〔kg·m}^2\text{〕} \tag{付2·10}$$

はずみ車効果 と表わせる. GD^2 は, はずみ車効果と呼ばれる. 回転子の I はその全質量が半径 R の円筒表面に集中しているときの I と等しい.

(付2·5) 式の両辺に ω_M を掛けて

$$T_a \omega_M = I \omega_M \frac{d\omega_M}{dt} \quad \text{〔Nm/s〕} \tag{付2·11}$$

付図2·2のように半径 R の箇所に集中して力 F が加わったものと考えれば

$$T_a = FR \quad \text{〔Nm〕} \tag{付2·12}$$

$d\delta_M$ の角変化により, 半径 R 上の変位は $dx = R d\delta_M$ であるから

$$T_a \omega_M = FR \frac{d\delta_M}{dt} = F \frac{dx}{dt} \quad \text{〔Nm/s〕} \tag{付2·13}$$

これは, dt 〔s〕間に Fdx 〔Nm〕$= Fdx$ 〔J (Joule)〕の仕事をしたことになり, これは仕事率 P_a 〔J/s〕$= P_a$ 〔W〕に等しい.

$$T_a \omega_M = P_a \quad \text{〔W〕} \tag{付2·14}$$

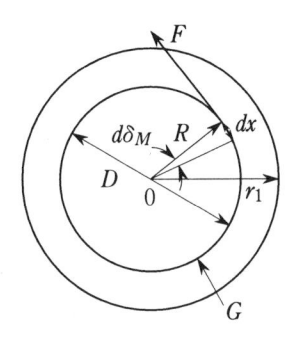

付図2·2　回転半径

静止状態の回転子に加速力 P_a を加えて, 定格角速度 ω_{Mn} まで加速したときに, 回転子に加えられる仕事量（エネルギー）は, (付2·11), (付2·14) 式より

$$\int_0^{t_1} P_a dt = \int_0^{t_1} \left(I \omega_M \frac{d\omega_M}{dt} \right) dt$$

$$= \int_0^{\omega_{Mn}} I \omega_M d\omega_M = \frac{I \omega_{Mn}^2}{2} \quad \text{〔J〕} \tag{付2·15}$$

これは, 回転子の持つ運動のエネルギーに等しい.

回転子が定格角速度 ω_{Mn} で回転しているときに持っている運動のエネルギー

慣性定数 $\frac{I\omega_{Mn}^2}{2}$ の2倍を慣性定数 M と呼ぶ.

$$M = I \omega_{Mn}^2 \quad \text{〔W·s〕} \tag{付2·16}$$

定格回転数をN_n〔rpm〕とすれば

$$\omega_{Mn} = 2\pi\left(\frac{N_n}{60}\right) \text{〔rad/s〕} \qquad (付2\cdot 17)$$

$$\begin{aligned}
\therefore \ M &= \frac{GD^2 \text{〔kg}\cdot\text{m}^2\text{〕}}{4}\left(\frac{2\pi N_n}{60}\right)^2 \text{〔W}\cdot\text{s〕} \\
&= \frac{\pi^2}{3.6}GD^2 \text{〔kg}\cdot\text{m}^2\text{〕}\left(\frac{N_n}{1\,000}\right)^2 \text{〔kW}\cdot\text{s〕} \\
&= 2.74GD^2 \text{〔kg}\cdot\text{m}^2\text{〕}\left(\frac{N_n}{1\,000}\right)^2 \text{〔kW}\cdot\text{s〕} \\
&= 2.74GD^2 \text{〔t}\cdot\text{m}^2\text{〕}\left(\frac{N_n}{1\,000}\right)^2 \text{〔MW}\cdot\text{s〕} \\
&= 10.96GR^2 \text{〔t}\cdot\text{m}^2\text{〕}\left(\frac{N_n}{1\,000}\right)^2 \text{〔MW}\cdot\text{s〕} \qquad (付2\cdot 18)
\end{aligned}$$

(2) 単位慣性定数

発電機の慣性定数を定格容量W_nで割ったもの，すなわち単位定格容量あたりの慣性定数を単位慣性定数M_0と呼ぶ．

$$M_0 = \frac{M}{W_n} \text{〔MW}\cdot\text{s/MVA〕 または 〔kW}\cdot\text{s/kVA〕} \qquad (付2\cdot 19)$$

M_0の単位は単に〔s〕で表わすこともある．

単位慣性定数の値は発電機の定格容量が変わっても，比較的狭い範囲にあり，原動機を含めて最小3～最大12〔s〕，平均6～8〔s〕程度である*．

静止状態の回転子に定格加速トルクT_{an}を加えたとき，τ_a〔s〕で定格速度に達したとすれば式(付$2\cdot 5$)を積分して

$$\int_0^{\tau_a} T_{an} dt = \int_0^{\omega_{Mn}} I d\omega_M \qquad (付2\cdot 20)$$

$$T_{an}\tau_a = I\omega_{Mn} \qquad (付2\cdot 21)$$

$$\therefore \ \tau_a = \frac{I\omega_{Mn}}{T_{an}} = \frac{I\omega_{Mn}^2}{T_{an}\omega_{Mn}} = \frac{M}{W_n} = M_0 \qquad (付2\cdot 22)$$

$$(\because \ W_n = T_{an}\omega_{Mn})$$

τ_aは加速時定数と呼ばれる．単位慣性定数M_0は静止状態の回転子を定格トルク$T_{an} = \dfrac{W_n}{\omega_{Mn}}$で加速したときに，定格速度に達する時間$\tau_a$に等しい．

単位慣性定数として回転子の運動エネルギー$\dfrac{I\omega_{Mn}^2}{2}$を定格容量で割ったものを使用することもあるが，この場合は通常，記号Hを用いる．

---

*電気学会同期機専門委員会；最近10年間に製作された大容量同期機諸定数の調査結果（電気学会技術報告（I部）第105号，（昭和48.5））．

付録·2　発電機の慣性定数と運動方程式

$$H = \frac{\left(\frac{I\omega_{Mn}^2}{2}\right)}{W_n} = \frac{M_0}{2} \quad [\text{MW}\cdot\text{s/MVA}] \tag{付2·23}$$

(3) 運動方程式

(付2·11),(付2·14)式より

$$P_a = I\omega_M \frac{d\omega_M}{dt} = \frac{I\omega_M \omega_{Mn}}{\omega_{Mn}} \frac{d\omega_M}{dt} \quad [\text{W}] \tag{付2·24}$$

通常の運転状態では，定格速度に近いので，$\omega_M \fallingdotseq \omega_{Mn}$，$I\omega_M\omega_{Mn} \fallingdotseq I\omega_{Mn}^2 = M$ となる．電気角速度は，$\omega = \frac{p\omega_M}{2} = 2\pi f$，($p=$極数，$f=$周波数) であるから

$$P_a = \frac{M}{\left(\frac{2\omega_n}{p}\right)} \frac{d\left(\frac{2\omega}{p}\right)}{dt} = \frac{M}{\omega_n} \frac{d\omega}{dt} \quad [\text{W}] \tag{付2·25}$$

ここで，回転子の位置角は，付図2·3より

$$\delta' = \omega_n t + \delta \quad [\text{rad}] \tag{付2·26}$$

δ : 回転基準軸に対する発電機内部電圧位相角
ω_n : 回転基準軸の定格角速度

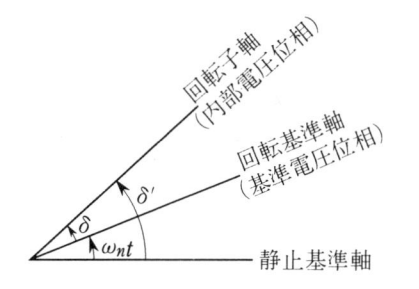

付図2·3　回転軸の相互関係

$$\omega = \frac{d\delta'}{dt} = \omega_n + \frac{d\delta}{dt} \quad [\text{rad/s}] \tag{付2·27}$$

$$\frac{d\omega}{dt} = \frac{d^2\delta}{dt^2} \quad [\text{rad/s}^2] \tag{付2·28}$$

原動機から回転子に加わる機械的入力を P_M [W]，発電機の電気的出力を P [W] とすれば，

$$P_a = P_M - P \quad [\text{W}] \tag{付2·29}$$

運動方程式　(付2·25),(付2·28),(付2·29)式より次の運動方程式が得られる．

$$\frac{M}{\omega_n} \frac{d^2\delta}{dt^2} = P_M - P \quad [\text{W}] \tag{付2·30}$$

索 引

英字

1機無限大系統の安定条件	4
2機系統の安定条件	26
2機系統の運動方程式	25
2機系統の電力方程式	23
2機縮約	48
n 機系統	30
n 機系統の運動方程式	31
n 機系の特性方程式	33
PQ 安定限界曲線	11
PQ 軌跡	17
SCR（短絡比）	9
ρ 法	38

ア行

安定運転範囲	19
安定限界	16, 20, 27
安定限界出力	9
安定限界相差角	15, 20, 27, 29
安定限界送電容量	14
安定限界送電亘長	14
安定限界電力	8
安定条件	27
運動方程式	57
円筒機の安定範囲	52
円筒形発電機	9

カ行

加速時定数	56
過渡安定度	1
回転直径	55
回転半径	55
慣性定数	54, 55
クラーク法	38
系統側短絡容量	13, 14
固有安定度	1
固有値	37
固有値法	36, 37
固有方程式	37

サ行

自己同期化力	23
手動励磁調整	9
縮約	40
縮約系統	43
縮約点潮流	48
縮約発電機の慣性定数	49
初期内部電圧	8
進相運転	6
相互同期化力	23
速応励磁方式	9

タ行

多機系統の安定条件	36
単位慣性定数	56
単振動の周期	26
短絡容量	43
遅相運転	6
中間負荷	28
定態安定度	1
定態安定度送電容量係数	15
伝達アドミタンス	30
電圧ベクトル軌跡	9
電気的距離	41
電力相差角曲線	3
等価1機	41, 45
等価発電機	43
等価発電機リアクタンス	43
動的安定度	1
同期化係数行列	36
同期化力	4, 6, 23, 42
突極機の安定限界	19, 51
突極機の定態安定限界	20

索引

ナ行

内部相差角 15
内部電圧ベクトル軌跡 6
ニュートンの運動方程式 54

ハ行

はずみ車効果 55
発電機ベクトル図 5
発電機内部電圧 3
発電機無効電力 16
負荷取付点 43
負荷変化分等価点取付 44
並列アドミタンス法 45
並列インピーダンス法 43

マ行

無効電力一定運転 7

ワ行

ワグナ法 38

d – book
定態安定度の計算

2001年6月11日　第1版第1刷発行

著　者　　新田目　倖造
発行者　　田中久米四郎
発行所　　株式会社電気書院
　　　　　東京都渋谷区富ケ谷二丁目2-17
　　　　　（〒151-0063）
　　　　　電話03-3481-5101（代表）
　　　　　FAX03-3481-5414
制　作　　久美株式会社
　　　　　京都市中京区新町通り錦小路上ル
　　　　　（〒604-8214）
　　　　　電話075-251-7121（代表）
　　　　　FAX075-251-7133

印刷所　創栄印刷株式会社
ⓒ2001 Kozo Aratame　　　　　　　　　　Printed in Japan
ISBN4-485-42990-3　　　［乱丁・落丁本はお取り替えいたします］

〈日本複写権センター非委託出版物〉

本書の無断複写は，著作権法上での例外を除き，禁じられています．
本書は，日本複写権センターへ複写権の委託をしておりません．
本書を複写される場合は，すでに日本複写権センターと包括契約をされている方も，電気書院京都支社（075-221-7881）複写係へご連絡いただき，当社の許諾を得て下さい．